武夷岩茶（大红袍）
制作工艺研究

黄意生　著

中国农业出版社

序一

PREFACE ONE

2006年武夷岩茶传统制作技艺入选国家级非物质文化遗产名录后，宣传、诠释传统制作技艺的文章日渐增多，但系统、深入研究武夷岩茶制作工艺的著述尚不多见。黄意生同志将其10余年对武夷岩茶（大红袍）制作工艺的研究成果结集成一本《武夷岩茶（大红袍）制作工艺研究》学术专著，在结集之际，他将书稿送我审读，期望为之作序。读罢书稿形成几点印象：

1. 作者虽非茶学专业出身，但凭着对武夷岩茶的浓厚兴趣和10余载的潜心学习与刻苦钻研，写出了10余万字武夷岩茶制作工艺研究的学术专著，实为可贵。

2. 专著中的理论观点虽然有的与茶学界的既有观点不相一致，但是作者深入考证、研究之后形成的新观点、新结论。例如，武夷岩茶传统制作技艺创始于清朝末年，武夷红茶急剧衰落之后的新观点，相对于业界普遍认为武夷岩茶传统制作技艺创始于明末清初的观点，有其新颖性。

3. 书中披露了武夷岩茶制作工艺在运用过程中的一些新发现、新体会。比如，发现岩茶做青有冷做青与热做青两种方式，方式不同出的效果亦不一样，冷做青出清香，热做青出熟香。这些发现的披露，既丰富了著作的内容，也为改进和完善岩茶制作工艺积累了资料。

4. 作者在研究武夷岩茶传统制作技艺的基础上，对武夷岩茶现代制作工艺进行了比较深入的研究，《武夷岩茶制作章法之研究》与《武夷岩茶现代做青技术研究》等研究成果，对提高武夷岩茶制作工艺水平有独创的指导作用。

总之，《武夷岩茶（大红袍）制作工艺研究》是一本学术性、实用性都比较好的理论与实践结合的茶学专著，出版后将有益于提高武夷岩茶的生产制作水平，促进武夷岩茶产业科学、健康发展。

期盼业内产、学、研科技人员本着求实创新的精神，为茶产业的科学、健康发展打开思路，建言献策。

是为序。

2017年7月1日

序二
PREFACE TWO

　　黄意生同志将他撰写的《武夷岩茶（大红袍）制作工艺研究》一书书稿送我阅读，并嘱我为之作序。

　　细品书稿，深为他执着的钻研精神震撼。10多年来眼看着他呕心沥血，埋头探索，如今终于有了成果。高兴之余欣然命笔，写下了以下文字：

　　自从2006年武夷岩茶传统制作技艺入选国家非物质文化遗产以来，宣传、诠释武夷岩茶传统制作技艺的文章出现不少，但平心而论能像黄意生同志这样对武夷岩茶制作技艺作出系统、深入研究的还真不多见。

　　武夷岩茶制作技艺，长期以来一直都只是师徒之间传授，制茶技艺高超的师傅掌握的技术秘诀轻易是不肯外传的。由此将制茶工艺蒙上一层神秘面纱。这种情况十分不利于岩茶制作水平的提高，也妨碍了武夷岩茶产业的创新发展。

现在黄意生同志凭着长期制茶实践积累的经验，把制茶技艺作为一门学问来加以研究。通过深入考证、研究形成了新的观点，得出了新的结论，在实践过程中对岩茶制作有了不少新的发现、新的体会，破解了关键技术；更为难能可贵的是他运用自己掌握的理化、生化知识，将生产过程中的许多现象，做出了适当的科学解释，将岩茶制作由过去的"师父怎么说就怎么做"，变成了如今的"弄明白了为什么要这么做"，也就是知其然，还要知其所以然。

总之，《武夷岩茶（大红袍）制作工艺研究》这本书是一本有学术性和实践性的佳作，是理论与实践相结合的茶学专著。黄意生同志将多年的研究成果汇集出版将有益于提高武夷岩茶的生产制作水平，促进武夷岩茶产业科学、健康发展。

是为序。

2017年8月1日

 前言
FOREWORD

　　奇秀甲东南的武夷山，由于其得天独厚的地理环境和气候条件，非常适宜茶树生长。自南北朝起，武夷山先人运用其聪明才智，先是学会识别和栽培茶树，继而学习、模仿、创造茶叶加工制作工艺，对茶树嫩梢嫩叶进行加工利用，他们创始的红茶与青茶制作技艺至今仍广泛运用于茶叶生产。然而，对我国茶产业发展做出巨大历史贡献的武夷红茶与武夷岩茶制作工艺，虽然在茶叶杂志和报刊上多有文章发表，但大多以茶文化的题材出现，能够充分体现工艺特点，主题突出，自成体系的专著尚不多见。为此，作者试将10余载对武夷岩茶制作工艺的研究成果和实践经验以学术论文的形式结集成一本题为《武夷岩茶（大红袍）制作工艺研究》的小书，将武夷岩茶的传统制作技艺传承、创新与形成条件，武夷岩茶的制作方式由传统手工制作技艺

1

向现代机械化制作工艺的转变过程，武夷岩茶现代制作工艺的构成元素及运作章法，武夷岩茶现代制作工艺的关键技术，武夷岩茶产成品的评价技术等组成一个完整的武夷岩茶制作工艺研究体系。书中的理论观点和技术理念除注明出处的以外，均为作者的考证和研究成果以及实践的经验总结。在每篇论文的撰写中作者对武夷岩茶制作工艺结构组合和运作方式的原理、作用与效果尽力做出科学解释，让读者知其然亦知其所以然，其中间或有技术诀窍、实验数据，或独立成章，或穿插于相关章节中，让全书形成骨骼健全，有血有肉，有脉搏有神经，理论与实践结合的茶学专业读本，旨在通过阅读本书帮助武夷岩茶爱好者系统了解武夷岩茶制作工艺的历史与现状，帮助武夷岩茶从业者熟悉武夷岩茶制作工艺原理，掌握工艺技术要领，提高生产制作技能，制作出更多更好香高味醇的武夷岩茶，满足小康社会人们品味武夷岩茶的需求。

作者在研究武夷岩茶制作工艺过程中，得到国家级非物质文化遗产武夷岩茶制作技艺传承人陈德华高级农艺师的热心指导和支持，作者深为感激，值此书稿付梓出版之际，特别致以敬意和谢意。

 目录
CONTENTS

武夷岩茶（大红袍）制作工艺研究

CHAPTER1 | 第一篇
武夷茶历史与传统制作技艺

武夷奇茗冠天下　千年茶史满篇香

武夷山不仅是武夷岩茶的原产地，也是中国红茶的发源地，又是宋元两朝的贡茶基地，茶叶栽培和制作历史悠久，在茶叶发展史上占有十分重要的地位，对丰富和发展茶学，繁荣我国经济做出过杰出贡献。

一、武夷茶起源于南北朝

纵观《茶经》及其之后的茶学典籍，武夷茶最早见于文字的记载，是唐朝元和年间（806—820年），才子孙樵《送茶与焦刑部书》。孙樵以拟人化的笔法称武夷茶为"晚甘侯"，书中写道："晚甘侯十五人，遣侍斋阁。此徒皆请雷而摘，拜水而和。盖建阳丹山碧水之乡，月涧云龛之品，慎勿贱用之！"自此，"晚甘侯"成为武夷茶之别称，成名于世。

然而，"晚甘侯"是不是就栽于唐代呢？由于缺少文字资料可考，我国著名茶学家——安徽农学院教授陈椽就以"晚甘侯"出现的时间推断"武夷茶约在南北朝的齐时起源"。陈椽教授考证发现："晚甘侯"最早出现于南齐（479—502年）尚书右仆射王奂之子王肃死后，同人送给他的谥号，以表其节。王肃在南齐是个谏官、净臣，御使都谏。王肃嗜茶，故同人送给的谥号为"晚甘侯"，这是"晚甘侯"最早出现的时间和来源。据此，陈椽教授推断武夷茶约在南北朝齐时起源。

武夷茶起源于南北朝，与茶史专家郭孟良关于"魏晋南北朝时期我国茶叶生产已遍及东南各地，茶产区域已初具规模"的观点相一致。由此印证了陈椽教授的推断是正确的。

为什么"晚甘侯"就是武夷茶呢？有3个依据可以解疑：①"丹山碧水"是武夷山特指，是南朝江淹给武夷山题词。这个题词来自于九曲溪二曲渡口，当时武夷山市的前身崇安县尚未建县，属建阳县故孙樵写建阳丹山碧水。茶是武夷山的特产，送礼佳品。孙樵《送茶与焦刑部书》实际上是一封夸"晚甘侯"名贵，以期引起受礼人重视的信。②古时，古人对茶特别崇尚，认为茶品圣洁森然，品质高尚，又认为做人也要有人品，要刚直不阿，清正廉洁。③王肃嗜茶，是一位精于品茶的人，同时又是一位谏官、净臣，其人品如茶品，故同人为表其节，私谥为"晚甘侯"。因此，可以认为"晚甘侯"是一个双关词，将它称之为武夷茶的名字或别称，就好理解了。

二、武夷茶四度名冠天下

首度名冠天下于北宋，我们称这个时期为武夷茶崭露头角期。

武夷茶真正名冠天下，是在北宋盛行的斗茶风中脱颖而出，范仲淹的《和章岷斗茶歌》便是北宋时期斗茶盛况的写照。武夷山提供参赛的是按当时制作方法制出的粟粒芽茶，以"味兮轻醍醐""香兮薄兰芷"味香双绝夺魁，而闻名天下。北宋斗茶目的不是为游戏而游戏，而是用民间斗茶的方式采集贡茶入贡，这在斗茶歌里已有交代："北苑将期献天子，林下雄豪先斗美。"苏轼的"咏茶"诗也印证了这点："君不见，武夷溪边粟粒芽，前丁后蔡相宠加。争新买宠各出意，今年斗品充官茶。"由于武夷茶香气与滋味都比北苑龙团好，被时任北宋福建路转运使蔡襄（1012—1067年）看中，入选为贡茶。武夷茶自选为贡茶后，名气更大，大到能和北苑茶齐名。

再度名冠天下于元朝，我们称这个时期为武夷茶崛起期。

据明代许次纾《茶考》说：至元十六年（1279年），浙江行省平章高兴，路过武夷，监制了"石乳"茶数斤入献，受到朝廷重视；至元十九年（1282年），朝廷令县官岁贡20斤[①]，武夷茶的"石乳"品种

---

① 斤为非法定计量单位，1斤=500克。

再度入选为贡茶。大德五年（1301年），高兴之子高久住任邵武路总管，就近到武夷山，督造贡茶。大德六年（1302年）朝廷干脆在九曲溪的第四曲设立"御茶园"，专制贡茶入贡。建御茶园后，据清代周亮工《闽小记》记载："至元设场于武夷，遂与北苑并称"而名冠天下，入贡数量仅次于北苑茶。文献记载，当时全国贡茶4 022斤，福建占一半，福建贡茶主要来自于北苑和武夷，北苑1 360斤，武夷940斤。但在品质上，武夷茶则超过北苑茶。

三度名冠天下于清朝，我们称这个时期为武夷茶大繁荣期。

明朝是武夷茶的沉寂期，茶叶制作技术没有大的进步。明太祖朱元璋下诏罢造龙团，改贡芽茶，御茶园废，贡茶改从百姓中采贡，由于技术落后，制作出来的贡茶品质低劣，只能供宫中作洗刷碗盘之用。这种状况，持续了160多年，直到明末（1602年）崇安县令招黄山僧以松萝法制茶，武夷茶的品质才有所提高。然武夷茶三度名冠天下，则发端于一个偶然原因。明末清初，武夷山桐木村的一户江姓茶农，将错就错，创制出一种"呈乌黑油润状，并带有一股松脂香味，泡出的茶水呈现红色的'乌茶'"，挑到星村茶市贱卖，没想到第二年（据红茶专家邹新球考证为1610年），便有人以二三倍的价格定购该茶，并预付银两。从此桐木"乌茶"（西方人称之为武夷红茶）越卖越红火，风行欧美，品饮武夷红茶成为西方各国上流社会的时尚，武夷红茶成了中国红茶的代名词，武夷山的桐木村成了中国红茶的发源地，成为世界红茶的始祖。

四度名冠天下于当代，武夷茶的大发展时期。

19世纪末20世纪初，中国红茶在世界市场上受到印度红茶、斯里兰卡红茶的冲击，武夷红茶的对外销售与全国红茶的外销状况一样，每况愈下，最终退守于它的发源地桐木村。

但是，武夷山先人敢于创新和善于创新，将红茶和绿茶的制法综合起来创造出一个新工艺——武夷岩茶制作技艺，按照这个工艺制出的茶"绿叶红边，清芬浓醇，回甘韵显"，既祛除了红茶之酵味，又滤去了绿茶之苦涩，成为一个独具特色的新茶类。武夷岩茶这一精湛的制作技艺，已于2006年被列为国家非物质文化遗产。2002年武夷山被国家列为武夷岩茶原产地。用武夷山境内种植的茶叶并用武夷岩茶制作技艺做出来的武夷岩茶，香高味醇，回甘韵显，既有绿茶之清芬，又有红茶之浓醇，而且冲泡持久性长，久泡不变色，不减味。正因为武夷岩茶有上述诸多优点，所以特别适合品味，让人一喝就喜欢，一喝就难以忘怀。如今，武夷岩茶已走向全国，在北京、上海、广州、济南、福州等大、中城市，品武夷岩茶的风尚开始形成，品饮武夷岩茶的人越来越多，武夷岩茶再度进入大繁荣和大发展时期。

论武夷红茶制作工艺的起源[①]

内容提要：对于红茶起源，当代茶圣吴觉农主编《茶经述评》时，感到缺乏地方志记载，其他文献虽有论及，但又与乌龙茶混淆不清，自己年事已高，无法做进一步考证，从而给茶学界留下一个历史难题。作者以此为题，在厘清思路和方法基础上，从研读红茶发源地武夷山古诗词文赋入手，开展了与武夷红茶起源有关的制作工艺的深入考证，发现了明末清初，福建武夷山茶叶制法由绿茶制法向红茶制法的转变过程，以及促进转变的关键工艺技术。受聘到武夷山编修县志的王草堂见证了武夷红茶制作过程，以《茶说》的形式全面系统地记述了武

---

① 本文原载于《中国红茶高峰论坛论文集》。

夷红茶采制工艺。从而，为武夷红茶起源和武夷山红茶发源地的历史
地位提供了科学根据和可与地方志等量齐观的权威史料。

关键词：红茶，武夷红茶，红茶制法，焙火，王草堂《茶说》，武
夷山武夷红茶制作工艺发祥地

一、当代茶圣吴觉农生前留下的难题

1.难题的缘起

当代茶圣吴觉农先生，生前在其主编的《茶经述评》二版中说："至
于红茶，……在现在生产红茶的各省各县的地方志中，可以查到的有下
列几县（另列），遗憾的是红茶发源地的福建省，在地方志中，尚未查到
有关这一方面的史料，有的又与乌龙茶混淆不清。"后来，吴老由于年事
已高，无法做进一步考证。从而，给茶学界留下了一个难题，留待后人
破解。

2.破解的难点所在

这个难题的破解难就难在：第一，当地志书没有文字记载。经查
建宁府志和崇安县志，确实找不到有关红茶起源和制法的具体记载。
第二，陆廷灿《续茶经》辑的王草堂《茶说》，同一文章可作两种理解
和解释。从而，引发茶学界关于红茶、乌龙茶起源孰先孰后的争论。
第三，明清两朝代茶史资料，多散见于古诗词文赋中，少见完整记述。
上述三方面原因，导致红茶起源的创始年代及其初始制法不能形成确
切定论，从而构成一个历史性难题。

二、本人对难题的破解思路和方法

（1）从明初到清末两朝代的古诗词文赋中发掘涉茶史料，研究武夷茶制法的演变，探寻红茶制法之形成根据。

由于武夷山风景秀丽甲天下，自古特别是明清两朝代普遍受到文人墨客的青睐，他们在游览风光的同时，也见证了武夷茶的兴衰成败，写下不少涉茶的诗词文赋，仔细发掘和考证，必能理出武夷茶制法演变之脉络，探寻到武夷红茶制法形成之根据。

（2）通过对岩茶、洲茶、"乌茶"特征之考察和研究，揭示被仿茶之原貌，从而把握明末清初武夷红茶之基本特征和制作方法。

业界同仁可能都了解，武夷红茶最初不称红茶，而称"乌茶"，至今红茶发源地的武夷山保护区周边地域的乡村，仍称红茶为"乌茶"；在初期进口的荷兰、英国等欧洲国家则叫"黑茶"；而仿冒茶"江西乌"也称乌茶。然而为什么称"乌茶"，它有什么特征，这些特征又是怎样形成的，需要详加考察和研究。把这些弄清楚之后，武夷红茶之原貌及其制法就显露出来了。

（3）通过对"焙火"的深入研究，探索焙火工艺对红茶特征之形成所起的特殊作用。

在博览明清古诗词文赋中，发现古文人对焙茶特感兴趣，对"烘焙"一词用得最多。由此可感知"烘焙"已成为武夷茶制作工艺的一个十分重要的技术要素。焙火工艺运用是否得法，将对红茶特征的形成产生重要影响。

（4）深入研读王草堂《茶说》，厘清表述内容，探寻《茶说》所记载的制作方法是属于何种茶类的制法。

清康熙四十八至六十年间（1709—1721年）受聘于武夷山编修县志的王草堂，在编修县志期间，深入研究了武夷茶的制作技艺，于康熙五十六年（1717年）撰写了《茶说》，全面系统地记述了武夷茶的采制方法。对《茶说》进行深入研读，探究《茶说》所记载的采制方法究竟是武夷红茶制法还是其他茶类的制法。

三、解题取得的成果

1.通过对散见于古诗词文赋中有关武夷茶制法文字记载的研究，弄清了罢造龙团之后散茶制法的演变

（1）明洪武二十四年（1391年），明太祖朱元璋诏令罢造龙团，改贡芽散茶以后，御茶园废。武夷茶制作方法几经改进和创新，先由蒸青团饼茶制法改为蒸青散茶制法，"既采则先蒸后焙"，制作出来的茶为"色多紫赤"的蒸青绿茶。蒸青绿茶品质很差，虽然仍为贡品，但"只供宫中浣濯瓯盏之需"。上述状况直到清初顺治七年至十年（1650—1653年）崇安县令殷应寅招黄山僧制松萝茶，引进松萝炒青制法才有改变。

蒸青制法按其工艺要素，是先蒸后焙，但是在蒸与焙之间还有个"揉"字。明代谢肇淛（1567—1624年）《茶录》云："揉而焙之，则自本朝始也。"揉与焙都是制茶技术要素。将蒸、揉、焙连接起来，便形

成蒸—揉—焙三位一体的蒸青制法。蒸青制法共历时260年，明朝一代均以此为主流制法。

（2）引进炒青制法，制得的茶叶品质有很大提高。

明代隆庆年间（1567—1572年）安徽黄山寺僧大方创松萝制法。该制法的最大特点是改蒸为炒，以炒代蒸。炒青茶的色、香、味比蒸青好。《文献通考》云："以炒代蒸，色香味俱佳。"与炒相配套的工艺，还有"扇""揉""焙"三技术要素，从而形成炒—扇—揉—焙四位一体的炒青绿茶制法。

80年后，清代顺治七年（1650年）崇安县令殷应寅，招黄山僧以松萝法制建茶引进的就是炒青绿茶制法。这一当时制茶的新技术，使得武夷茶的品质有了很大提高，达到可与松萝并驾齐驱的程度。清代周亮工（1612—1672年）在其著作《闽小记·闽茶曲》中记载了这一事实："崇安殷令，招黄山僧以松萝法制建茶，堪并驾。今年余分得数两，甚珍重之，时有武夷松萝之目。"

（3）后来，武夷茶的制法又由锅炒向日晒转变，制得的茶叶"半青半红"，很受欢迎。

康熙五十六年（1717年）崇安县志编修王草堂在其撰写的《茶说》记载："武夷茶采后，以竹筐匀铺，架于风日中，名曰晒青，俟其青色渐收，然后再加炒焙。"1734年崇安县令陆廷灿著《随见录》也有此记载，并特别指出："凡茶见日则味夺，唯武夷茶喜日晒。"上述记载说明了以下历史事实：武夷茶又经历了由锅炒向日晒的转变，先晒青，再炒焙。此制法的工艺技术要素为：晒—炒—焙三位一体，循序渐进。

需要补充的是，晒之后还需增加一个"揉"字，然后再炒再焙。如此晒青制法的技术要素实际为"晒—揉—炒—焙"四位一体，循序渐进。用此法制成的武夷茶半青半红，青的乃炒色，红的乃焙色，品质比炒青制法更好。

2.从对岩茶、洲茶及仿冒茶的古文赋记载考证中，明白了武夷红茶的本原品种、基本特征和制作方法

清代康熙四十二年（1703年）崇安县令王梓撰写的《茶说》载："武夷山，周回百二十里，皆可种茶。……其品有二，在山者为岩茶，上品；在地者为洲茶，次之。香味清浊不同，且泡时岩茶汤白，洲茶汤红，此为别。"雍正十年至乾隆元年（1732—1736年），刘埥在崇安为县令期间，著有《片刻余闲集·武夷茶》，该集记载："洲茶中最高者曰白毫，次则紫毫，次则芽茶。凡岩茶皆各岩僧道采摘焙制，远近贾客于九曲内各寺庙购觅，市中无售者。洲茶皆民间挑卖，行铺收买。山之第九曲尽处之星村镇，为行家萃聚之所。外有本省邵武、江西广信等处所产之茶，黑色红汤，土名江西乌，皆私售于星村各行，而行商则以之入于紫毫芽茶内售之。……其广行于京师暨各省者，大率如此。"

1706年，僧人释超全的《安溪茶歌》也记载了武夷洲茶中白毫和紫毫芽茶被仿制，并外销西洋的情形："迩来武夷漳人制，紫白二毫粟粒芽。西洋番舶岁来买，王钱不论凭官牙。"不仅如此，《安溪茶歌》还写到安溪仿照武夷洲茶的制作方法："溪茶遂仿岩茶样，先炒后焙不争差。"

从上述县令和僧人写的纪实性文赋和诗歌中，我们可以看到以下几个历史事实：

（1）18世纪初，武夷山洲茶中具有汤红特征的白毫、紫毫芽茶，极受市场欢迎。

（2）由于畅销，市场上出现了仿白毫、紫毫特征的"色乌汤红"的仿冒茶，混杂于白毫、紫毫芽茶中出售，不仅销往京城各省，还销往海外西洋。

（3）如《安溪茶歌》所云，仿冒茶的基本制法为"先炒后焙"。

由以上事实推断，武夷红茶的本原品种为武夷山洲茶中具有汤红特征的白毫、紫毫芽茶。"先炒后焙"是取得"色乌汤红"特征的基本制作方法，此法就是当时制洲茶的方法。仿冒者用此制法制出的仿紫毫茶几近乱真的程度。

3. 焙火方法的改进，使武夷茶外形内质发生很大改变，为红茶的问世提供了重要条件

在清初及至清中期涉茶的诗词文赋中，时常可见"焙"字镶嵌其中。比如"先蒸后焙""先炒后焙""浓蒸缓焙""武夷焙法""学其焙法""僧拙于焙""烘焙不得法""不精焙法"等，说明清初及清中期武夷山在制茶方法上，将锅炒改为日晒的同时，又对焙制工艺做了很大改进，先是"先蒸后焙""浓蒸缓焙"，后改为"先炒后焙"，最后形成有自己特色的"武夷焙法"。

研究发现，从清初到清中期，焙火工艺已引起茶人和文人的普遍重视，将它视为影响茶叶品质的主要技术要素加以考察和探究。

（1）清初，在福建任按察使的周亮工在其文赋《闽小记·闽茶》中说："武夷劣崷、紫帽、龙山皆产茶。僧拙于焙，既采，则先蒸而后焙，故色多紫赤，只堪供宫中浣濯用耳。"（注：这里的色，当指水色、汤色，非指外形色泽。）

（2）顺治年间，引进松萝制法，改蒸为炒，以炒代蒸，武夷山制茶逐转变为先炒后焙。但是，由于焙法不精，焙出的茶依然紫赤如故。这种现象，周亮工在《闽茶》一文中也有记载："近有以松萝法制之者，即试之，色香亦具足，经旬月，则紫赤如故。"由此，周亮工感叹："闽茶不让吴越，但烘焙不得法耳。"

可见，焙法不精，会影响茶叶品质，首先在汤色上变得紫赤，其次，也会影响味道。

（3）精到的焙法，明朝闻龙在崇祯三年（1630年）撰《茶笺》中已有记载，此文真实记录了明代焙室构筑和焙法："予尝构一焙，室高不逾寻，方不及丈，纵广正等。四周及顶，绵纸密糊，无小罅隙。置三四火缸于中，安新竹筛于缸内，预洗新麻布一片以衬之。散所炒茶于筛上，阖户而焙，上面不可覆盖。盖茶尚润，一覆则气闷罨黄。须焙二三时，俟润气尽，然后覆以竹箕。待极干，出缸待冷，入器收藏。后再焙，亦用此法。色香与味，不致大减。"该记载表明，17世纪前期，武夷山茶叶焙制工艺已臻完善，形成独特的武夷焙法。

上述记载还表明，不论先蒸后焙，还是先炒后焙。焙火不仅仅起干燥作用，还会促进外形内质发生变化。焙火精当，会促进外形变乌黑，汤色变红艳，从而变成色乌汤红、香高味醇的红茶，而不再是绿叶清汤的绿茶了。

至于当时焙火的程度，周亮工在《闽茶曲》中间接说到了武夷红茶属焙火极重的茶。曲云："雨前虽好但嫌新，火气未除莫近唇，藏得深红三倍价，家家卖弄隔年陈。"由此可见，当时焙茶用火极重，以至火气高到足以引疾，短时间很难消除，要存放到第二年方能出卖。焙时色已变红，再经一年存放，水色更变成深红色了。现在焙火重的茶也是外形乌黑，水色深红，古今一理。

其实，清初至清中叶，武夷山卖出去的茶基本上是"色乌汤红"的红茶，只不过当时不称为红茶，而称为"乌茶"罢了。在西欧北美则将红茶称为"黑茶""武夷"。至今，武夷山自然保护区周边的光泽县司前干坑，邵武市的观音坑，江西铅山的石垅等地仍称红茶为"乌茶"。称红茶为"乌茶""黑茶"，是因茶的外形乌黑得名；称红茶为"武夷"是因产地得名；而红茶是因其内质汤色红艳而得名，三者均是品质特征一样的武夷红茶。据茶学家陈橼考证，红茶真正得名，始于英国植物学家林奈1762年出版的《植物分类》第二版，他把茶分为两个品种：一是Thea Boha（武夷）种，代表红茶；一是Thea Viridis种，代表绿茶。当时武夷星村小种红茶极负盛名，故以"武夷"名红茶种。

4.通过对王草堂《茶说》的深入解读，弄清了武夷红茶制作工艺的完整内容

（1）王草堂《茶说》真实记录了武夷茶当时之制作工艺。清康熙四十七年（1708年），王草堂受福建抚台聘请赴武夷山修撰山志，历时

13年。修志期间深入考察了武夷山制茶工艺，于康熙五十六年（1717年）撰写了《茶说》，真实记述了武夷茶当时之制作工艺。1734年陆廷灿编撰《续茶经》，将王草堂《茶说》收编入《续茶经·茶之造》，遂成为制茶经典之作。茶学界中持乌龙茶起源说者将《茶说》认定或推论为乌龙茶起源的理论根据。

但是，本人从武夷茶制法转变的考证中发现，王草堂《茶说》所表述的内容属于武夷红茶的采制方法，是武夷红茶制法的完整记述。

（2）王草堂《茶说》原文。为了便于读者和业界同仁准确把握王草堂《茶说》表述的内容，本人把陆廷灿《续茶经》中收录的王草堂《茶说》原文抄录如下：

"武夷茶自谷雨采至立夏，谓之头春；约隔二旬复采，谓之二春；又隔又采，谓之三春。头春叶粗味浓，二春、三春叶渐细，味渐薄，且带苦矣。夏末秋初又采一次，名为秋露，香更浓，味亦佳，但为来年计，惜不能多采耳。茶采后，以竹筐匀铺，架于风日中，名曰晒青。俟其青色渐收，然后再加炒焙。阳羡岕片只蒸不炒，火焙以成。松萝、龙井皆炒而不焙，故其色纯。独武夷炒焙兼施，烹出之时半青半红，青者乃炒色，红者乃焙色。茶采而摊，摊而摝，香气发越即炒，过时不及皆不可。既炒既焙，复拣去其中老叶、枝蒂，使之一色。"

（3）从对《茶说》的深入解读，发现《茶说》记录的是当时武夷红茶制作工艺的完整内容。从《茶说》的行文层次看，共有7个层次，每个层次都表述一个工艺，且每一工艺都有其适度标准。

第一层次是说采青时间和节气的把握，第二层次是说晒青及其适度标准，第三层次是说炒焙及不同茶的炒焙方法，第四层次是说摊青即现时的萎凋走水，第五层次是说摪青即现时的揉捻（摪为揉的通假字）及其适度标准，第六层次是说炒焙及其次序，第七层是说拣剔及其标准。

将上述层次中的第二、第四层次按其功能归并为摊晒后，再依次序连接起来，便构成武夷红茶的完整工序：

采青—摊晒—摪青（揉捻）—炒青—焙茶—拣剔

（4）关于古文字"摪"的解读。《茶说》中"采而摊，摊而摪"的"摪"字，持乌龙茶起源说者均将它解释为"摇"的意思，又将"摇"引申为做青工艺，是"张冠李戴"的主观臆断。其实，摪为武夷山方言揉的通假字。将摪理解为揉，有事实根据。明代谢肇淛（1567—1624年）《茶录》云："揉而焙之，则自本朝始也。"明清制茶都有揉的工艺，这是历史事实。

（5）也许有同仁会提出，现今红茶制作的4个工序（萎凋—揉捻—发酵—干燥）中，《茶说》少了"发酵"工序。其实这个问题，作者在之前焙茶工艺中已有专门论述，初期的武夷红茶"色乌汤红"是焙火工艺中用火重的结果，非发酵的结果，所以《茶说》没有说到发酵。也就是说武夷红茶创始初期，色乌汤红是用重火焙出来的，而不是发酵出来的，这有客观根据。现今，不论红茶还是乌龙茶的焙火，就有轻火、中火、重火之分，用重火焙6个小时以上，茶的外形色泽会变乌黑，水色会变红艳，直至深红色。这就是长时间焙重火，焙出的茶会

"色乌汤红"的客观根据。

至于"发酵"一词的出现，据陈椽编著的《茶业通史》载，那是20世纪初期即清朝末年的事了。

由上解读，作者认为王草堂《茶说》是对武夷红茶制作工艺的系统、完整的记录和表述。《茶说》记录的是茶叶制作工艺发展史上具有里程碑意义的一件大事，其史料价值完全可以同地方志等量齐观。

四、结论

（1）武夷红茶制作工艺的起源，是武夷茶制法改进的结果，有其发展的必然性。

纵观武夷茶制作工艺的发展史，武夷茶由蒸青团饼茶制法改为芽散茶制法以后，其制作工艺经历过蒸青制法、炒青制法、晒青制法，最后发展到晒青与烘焙相结合的红茶制法。实现了绿茶制法向红茶制法的转变。红茶制法的产生是武夷茶制法改进的结果，是历史的必然。

（2）焙火工艺的传承，是形成武夷红茶品质特征的关键技术。将蒸改炒，再将炒改晒，是绿茶的基本制法。该制法的特点是重视初始工艺的改进，因此制作出的均是绿茶。红茶的制法，特点是晒焙结合，重视后续焙火工艺的作用，因此制作出的茶是"色乌汤红，香高味醇"特征的红茶。

焙火工艺，早在明代就已形成。清初，武夷山制茶，承传这一工艺，并将这一工艺发挥到极致，由此改变了茶叶的品质特征，创造出一个新茶类。

（3）"色乌汤红"为武夷红茶的本原特征。武夷洲茶中的白毫、紫毫芽茶是武夷红茶本原品种。其基本制法是晒—揉—炒—焙四位一体，重点在焙。江西乌茶等仿冒茶均仿此制法，采摘明前茶树嫩芽制得，混杂于白毫、紫毫芽茶中出售，及至后来，干脆直冒白毫、紫毫和小种售卖。武夷红茶"色乌汤红，香高味醇"的本原特征，让海外消费者趋之若鹜，成为主流茶饮料。

（4）王草堂《茶说》全面记述了对武夷红茶品质特征形成有重要影响的采制工艺，是一篇具有划时代意义的茶学著作，是证明武夷红茶及其制作工艺起源的权威史料。

（5）由上可断武夷山是中国红茶制作工艺的发祥地，起源于明末清初。

论武夷岩茶（大红袍）传统制作技艺的传承、创新与形成条件①

内容提要：本文通过对武夷岩茶（大红袍）传统制作技艺的工艺元素，工艺元素组合和工艺链条构建方面的研究，探索得武夷岩茶（大红袍）传统制作技艺有半数的工艺元素传承于武夷小种红茶制作工艺，做青工艺元素是前贤理论指导下的自主创新，足火和炖火工艺元素是焙火实践基础上的创新，工艺元素组合与工艺链条构建是武夷山茶叶制作先人的杰出创造、智慧结晶。从而探明武夷岩茶（大红袍）传统制作技艺是传承与创新精妙结合的产物。此外，本文还揭示了武

---

① 本文原载于《福建茶叶》，2012年第4期。

夷岩茶（大红袍）传统制作技艺的形成条件。

关键词：武夷岩茶，传统制作技艺，传承，创新，形成条件

导　言

在六大基本茶类中，武夷岩茶（大红袍）传统制作技艺是最精湛的，是迄今最高技术水平的茶叶制作工艺。这套制作技艺的形成，有传承也有创新，是传承与创新精妙结合的典范，是武夷山茶叶制作先人智慧的结晶，杰出的创造。

一、武夷岩茶（大红袍）传统制作技艺内容

武夷山茶叶制作先人于清朝初期创造了武夷红茶制作工艺之后，武夷红茶经历了两个半世纪的繁荣。清朝末年，由于印度、斯里兰卡、印度尼西亚等国红茶异军突起，占据国际市场，武夷红茶急剧衰落。在这样的环境条件下，武夷山茶叶制作先人又发挥聪明才智，再度创造茶叶制作新工艺——武夷岩茶（大红袍）传统制作技艺，首开青茶（乌龙茶）制作之先河，成为六大茶类中最高技术水平的制作工艺，武夷岩茶（大红袍）成为品质最好的新茶类。我国著名茶学家、安徽农学院陈橼教授多次肯定："六大茶类的技术措施，以青茶为最精湛，品质也是青茶为最好。"可是，武夷岩茶（大红袍）传统制作技艺，在1940年以前是以口口相传的方式传承的，无文字记载，属于非物质文

化遗产。因此，在2006年国务院公布为国家级非物质文化遗产以前，茶学界多将青茶（乌龙茶）的制作工艺套用为武夷岩茶（大红袍）传统制作技艺，从而，忽略了武夷岩茶（大红袍）传统制作技艺自身独特内容和构成体系。

2005年7月武夷山市政府根据我国台湾茶学专家林馥泉教授1940年在武夷山实地记录的武夷岩茶制作工艺撰写的《国家级非物质文化遗产代表作申报书》，对武夷岩茶（大红袍）传统制作技艺的内容做了完整表述："武夷岩茶制作工艺有10道工序：采摘—萎凋—做青—炒青—揉捻—焙火—扬簸、拣剔—复焙—团包—补火。"2006年5月20日《国务院关于公布第一批国家级非物质文化遗产名录的通知》中，将武夷岩茶（大红袍）传统制作工艺列入《传统手工技艺》名录，将无形的非物质的手工技艺物质化。由此确立了武夷岩茶（大红袍）制作技艺的传统地位，成为武夷岩茶（大红袍）传统制作技艺内容的官方权威表述。

二、武夷岩茶（大红袍）传统制作技艺工艺元素的传承与创新

1. 武夷岩茶（大红袍）传统制作技艺有半数工艺元素承传于武夷正山小种红茶制作工艺

从武夷岩茶（大红袍）传统制作技艺内容中，我们可以看到其中的采摘、萎凋、揉捻、炒青、焙火、拣剔6个工艺元素与武夷正山小种

红茶制作工艺元素完全一致。武夷正山小种红茶的初制工艺，据武夷正山小种红茶专家邹新球研究，有"采摘、萎凋、揉捻、发酵、过红锅、复揉、熏焙、复火"8个工艺环节。其中，除"发酵""熏焙"工艺为武夷正山小种红茶所独有外，其余全部为武夷岩茶（大红袍）传统制作技艺所继承。为此，我国著名茶学家、安徽农学院陈椽教授肯定："青茶制法，脱胎于小种红茶。"

2.武夷岩茶（大红袍）传统制作技艺中的做青工艺元素，系前贤制茶理论指导下的自主创新

武夷岩茶（大红袍）传统制作技艺中的做青工艺，是形成武夷岩茶（大红袍）特有品质的关键性工艺。当代茶圣吴觉农先生在其主编的《茶经述评》中指出："乌龙茶的优异品质，主要是通过萎凋、做青形成的，该作业包括晒青、摇青、晾青3个工序，这是奠定香气和滋味的基础。"著名武夷岩茶专家、高级农艺师姚月明在其撰写的《武夷岩茶》论文中也讲道："做青是形成三红七青（绿）独特风格和色、香、味的重要环节。"可见，做青工艺是武夷岩茶（大红袍）传统制作技艺中最主要和最重要的工艺元素，舍此不能形成武夷岩茶（大红袍）绿腹红边、岩骨花香、回甘韵显的特异品质。

做青工艺的形成，可能源于武夷山茶叶制作先人的经验积累，也可能是武夷山茶叶制作先人承接了明代朱升茶叶制作理论，在朱升的制茶理论指导下创新的制茶工艺。朱升乃明初翰林学士刘基（刘伯温）的好友，曾为朱元璋的谋士，学识渊博，著述甚丰，除精于政治谋略外，对茶叶的特性及其制法也研究颇深，自成一理。他的研究成果以

《茗理并序》的诗歌形式广为传播："茗之带草气者，茗之气质之性
也，茗之带花香者，茗之天理之性也。治之者，贵乎除其草气，发
其花香。法在抑之扬之间也，抑则实，实则热，热则柔，柔则草气
渐除。然恐花香因而太泄也，于是复扬之。迭抑迭扬，草气消融，
花香氤氲。茗之气质变化，天理浑然之时也。漫成一绝：一抑重教
又一扬，能从草质发花香。神奇共诧天之妙，易简无令物性伤。"

从《茗理并序》说的制茶理论，对照武夷岩茶（大红袍）做青工
艺，可以清楚看到武夷岩茶（大红袍）做青工艺中的摇青和晾青，完
全取法于《茗理并序》中的扬与抑。摇青为扬，晾青为抑，一摇（扬）
一晾（抑）交替运作，反复数次，便使茶青气味由浓烈的青草气味转
变为馥郁的花香、果香气味。迄今为止，武夷岩茶（大红袍）做青工
艺都在遵循朱升《茗理并序》中扬与抑的理论指导。由此，作者认为，
武夷岩茶（大红袍）传统制作技艺中的做青工艺，是武夷山茶叶制作
先人在取法朱升制茶理论基础上，自觉实践，自主创新的工艺元素。
它是理论与实践结合的典范，理论指导下创新，较其他工艺元素更富
有科学意义。

**3.武夷岩茶（大红袍）传统制作技艺中的"足火""炖火"是焙火
工艺的发展与创新**

武夷岩茶（大红袍）传统制作技艺的10个工艺环节中，焙火工艺
占了4个，可见焙火在武夷岩茶（大红袍）制法中的地位作用非同一
般，它对岩茶品质特征的形成与提升起着十分重要的作用。

武夷岩茶（大红袍）的焙火源于红茶，又高于红茶。其作用有3个

层次：基本的层次在于干燥、去水分，这是焙火的低层次，俗称"走水焙"。中层次的焙火，目的是使茶叶达到"足干"，含水率降至5%左右，又称这种焙火为"足火"。焙火的高层次是"炖火"，是在足火基础上，通过闷盖炖火，低温久烘，促进茶叶吐香吸香，从而增进茶叶香气，醇和茶水滋味，去除苦味、涩味及其他不良杂味。对于岩茶的炖火工艺，我国著名茶学家、安徽农学院陈椽教授曾有高度评价："青茶（武夷岩茶）闷盖炖火，低温长烘、吐香吸香，是最高技术措施。"炖火工艺为武夷岩茶（大红袍）所独有，是焙火工艺的创新。炖火工艺是武夷山茶叶制作先人在长期的焙火实践中发展的新工艺，完全是实践—认识—再实践—再认识的结果，是实践出真知，实践基础上的创新。

三、武夷岩茶（大红袍）传统制作技艺，是传承与创新精妙结合的产物

1.制作工艺要素的精妙组合，是形成武夷岩茶形、质特征的工艺创新

在对武夷岩茶（大红袍）传统制作技艺的解构中，我们发现该制作技艺隐含着4个工艺元素组合，分别是"内质形成""外形塑造""品质提升""成品美化"等。武夷岩茶（大红袍）独特形、质特征的形成，均源于上述组合。

研究还发现，上述4个工艺元素组合，各有不同的内在根据。武夷山茶叶制作先人依据内在根据组合工艺元素，从而形成各具特征的工

艺元素组合。

一看"内质形成"组合，该组合由萎凋、做青、炒青工艺元素组合而成。萎凋、做青、炒青虽然分属不同工艺要素，有各自不同的作用，但又是一个互相关联的有机体。将它们联结和贯通在一起的是鲜叶中的水分、酶和水溶性物质。萎凋的作用是使鲜叶适度失水，激活酶活性，引起内含物自体分解。做青是通过摇动与静置使呈萎凋状态的做青叶，继续适度失水，达到香气发越和呈味物质形成所需的浓度，再通过酶促氧化，把水溶性物质聚合和缩合成具有香气和滋味的物质。炒青是通过高温中止酶活性，把已经聚合和缩合的具有香气香味的物质固定下来，不再氧化分解和转化。由上可见，萎调、做青、炒青的作用虽各有不同，但都共同作用于水分、酶和水溶性物质，从而促进武夷岩茶（大红袍）内在品质的形成。

二看"外形塑造"组合，该组合由炒青、揉捻、初焙工艺元素组成。这个组合的3个工艺要素，各起不同作用，但也存在有机联系，将它们联结在一起的物质是水分。水分是茶青的主体成分。科学测定，茶叶鲜叶中含有450多种化学成分，其中水分占75% ~ 78%。在上一组合中鲜叶的水分约散失22% ~ 25%，做青叶仍存留53%左右的水分，且这些水分绝大部分是游离水。因此，炒青的作用就是把做青叶中的游离水大量蒸发，使之适于揉捻塑形。揉捻是将松散开张的炒青叶，趁热重力揉搓，塑造成紧结的条形。初焙又使隐含在茶条中的水分进一步蒸发，从而形成条形美观的固态茶体，最终完成外形塑造。

三看"品质提升"组合，该组合由足火、炖火、补火工艺元素组合而成。这个组合的特点是通过外加温的方式发展和提升茶叶品质。足火是通过再加温，将残留在毛茶中的游离水再度蒸发，使茶叶达到足干状态。炖火是足干的基础上，对茶叶进行热化处理，使茶叶内含物在低温长烘中得到转化与升华：香气得到发展与转化，呈味物质变得醇和爽口，苦味、涩味得到减轻甚至消除。此外，炖火也使茶水色泽变得清澈艳丽，富有光泽。至于补火工艺，作用比较单纯，主要是用外加温方式消除包装纸水分，以免茶叶因吸收包装纸的潮气改变品质。该组合3个工艺元素虽繁简不一，但共同的手法都是用低火、中火对基本干燥的茶叶进行再加热，令茶叶的外形、内质得到转化和升华。总之，这个组合对于发展、提升、保护武夷岩茶（大红袍）的特有品质起着十分重要的作用。

四看"成品美化"组合，该组合由扬簸、拣剔、团包工艺元素组成。这个组合的共同作用是美化外形，使武夷岩茶（大红袍）的外形更加悦目。扬簸是将轻飘的茶片簸去，留下重实的芽叶。拣剔是将色泽不一的叶片剔去，枝叶连理的梗子抽走，使之一色。团包是将已经整形、足火、炖火的精制茶用包装纸团包成重量、规格一致的商品茶。本组合工艺虽然简单，没有太多技术含量，但是对于美化茶叶外形，增强观瞻亦起重要作用。因此，在武夷岩茶（大红袍）传统制作技艺中也是不可缺少的工艺组合。

2.工艺链条的精巧构建，是传承与创新的巧妙结合，是武夷岩茶（大红袍）传统制作技艺最终形成的杰出创造

在对武夷正山小种红茶制作工艺的研究中，我们发现一套制作工艺的形成，不仅要有功能作用的工艺元素，还要有可形成某种特征的工艺元素组合，更要有能够适应茶叶生化变化的，可将多种工艺元素、多个元素组合联结在一起，既各有专功，又系统配套，能形成产品独特形质特征的工艺链条。因此，工艺链条的构建创新，对武夷岩茶（大红袍）传统制作技艺的最终形成显得特别重要。

据研究，武夷山茶叶制作先人构建武夷岩茶（大红袍）传统制作工艺链条是以武夷正山小种红茶制作工艺链条为蓝本，在此基础上合理取舍，精妙组合，有传承有创新，传承与创新结合，从而形成一条有自身特色的茶叶制作工艺链条。

研究发现，武夷山茶叶制作先人构建武夷岩茶（大红袍）传统制作技艺工艺链条的方法是：

（1）通过对工艺元素的合理取舍，确定工艺链条的元素结构。武夷山茶叶制作先人在对武夷小种红茶制作工艺链条元素结构的研究中，发现"发酵"与"熏焙"两工艺元素为武夷正山小种红茶所独有，它们是决定小种红茶品质特征的核心元素。除此以外，其他诸如采摘、萎凋、揉捻、过红锅（炒青）、复揉、复焙工艺元素，在新的制茶工艺中都可以保留和加以利用，转变成为新工艺链条的基本元素。舍去的"发酵"与"熏焙"工艺元素，则由新创的"做青"和"复焙（足火、炖火）"工艺元素取代，继之成为决定武夷岩茶（大红袍）品质特征的核心元素。

（2）通过序位调整，改变工艺元素的功能作用，使之适应工艺链条构建要求。如前所述，武夷岩茶（大红袍）传统制作工艺链条中的基本元素继承的是武夷正山小种红茶工艺元素。但是，所继承的工艺元素中，有的工艺元素并不完全适合新的工艺链条构建要求，必须加以改造，使之适应新的工艺链条的构建要求。比如，揉捻工艺元素，它在正山小种红茶中的功能作用是破碎茶青细胞，使之适于发酵，是小种红茶内质形成的重要工艺元素。但是，在武夷岩茶（大红袍）传统制作技艺中，揉捻的功能作用是通过揉搓炒熟的做青叶，将它塑造成紧结优美的条形。因此，功能作用发生改变，由影响内质变为塑造外形。武夷山茶叶制作先人采取调整序位的方式，使揉捻工艺元素顺利实现功能作用的转变，即将揉捻工序由原先正山小种红茶制作工艺链条中的第三序位（萎凋之后），调整到武夷岩茶（大红袍）传统制作工艺链条中的第五序位（位列炒青之后）。工艺没有改变，只将序位做个调整，就使功能作用发生转变，由内质形成转变为外形塑造。从而，适应了武夷岩茶（大红袍）传统制作工艺链条构建要求。足见武夷山茶叶制作先人的过人智慧。

（3）通过对工艺元素的精准定位，使之合乎茶叶生化演变规律。红、绿茶制作工艺的研究发现，工艺元素的位置摆放精准与否，对制出来的茶叶类型特征起决定性作用。比如，将"炒青"置于第一个环节，制出的茶便成了绿茶。再如，萎凋之后，接着"揉捻"，制出的茶，便成了红茶。因为发酵从揉捻开始，揉捻使青叶细胞破碎，内含物更易于发酵。如果将"做青"置于炒青之后，先炒后做，做出的茶则不伦不类，非红非绿亦非青。为此，武夷山茶叶制作先人将做青工艺元素置于萎凋与炒青之间，正由于这一定位，做出的茶才有岩茶绿叶红镶边、香高味醇，品具绿茶之清芬、红茶之甘醇的品质特征。细察武夷岩茶（大红袍）传统制作工艺链条，发现每个工艺元素的定位都十分精准和合乎茶叶生化演变规律要求，特别是决定茶叶内质的做青工艺和决定茶叶外形的揉捻工艺的定位，更是精准至极。

（4）通过对工艺元素组合的精妙排序，形成环环相扣的工艺链条。在工艺元素及元素组合排列上，武夷山茶叶制作先人采取先形成内质，后塑造外形的方法，在基本形成武夷岩茶形质特征的基础上，又采取先提升内质，后美化外形的先内后外、先质后形的方法进行元素及元素组合排序，从而形成采摘—萎凋—做青—炒青—揉捻—初焙—扬簸、拣剔—复焙（足火、炖火）—团包—补火环环相扣的工艺链条。在这工艺链条中，每作用一个工艺元素，完成一个组合作业，便形成一个品质、形态特征，工艺一环一环推进，特征一个一个形成，每个工艺环节都做到了，一个独具特色的工艺品——武夷岩茶（大红袍）脱颖而出。一个精湛的、独具特色的茶叶制作新工艺——武夷岩茶（大红袍）制作技艺也最终形成。

由上可见，武夷岩茶（大红袍）传统制作技艺是传承与创新精妙结合的产物，是武夷山茶叶制作先人的杰出创造、智慧结晶。

四、武夷岩茶（大红袍）传统制作技艺的形成条件

综上所述，武夷岩茶（大红袍）传统制作技艺既不是如正山小种红茶一样发端于某种机缘巧合，也不是武夷山茶叶制作先人突发奇想的产

物。该技艺的形成，作者认为，有其自身的条件。

1.有现成的工艺元素可继承

武夷山是世界红茶发源地。武夷红茶尤其是正山小种红茶的制作工艺，历经250余年的改进和完善，其工艺元素十分精湛。除"发酵"与"熏焙"两个工艺元素外，武夷岩茶（大红袍）传统制作技艺中的采摘、萎凋、揉捻、炒青、烘焙、拣剔等工艺元素，继承的都是武夷正山小种红茶的工艺元素。

2.有高明的理论指导

决定武夷岩茶（大红袍）内质特征的做青工艺，作者认为很可能是武夷山茶叶制作先人接受明代朱升《茗理并序》的理论指导而创新的工艺元素。这从武夷岩茶做青工艺中反复交替的"摇动"与"静置"的手法同朱升的"迭抑迭扬""一抑重教又一扬"的理论如出一辙可得到印证。虽然朱升著文于明代，与武夷岩茶制作技艺创始年代不是同一个时代，但是并不影响该理论的指导作用。因为朱升的《茗理并序》传授的"迭抑迭扬"做青方法，源于朱升对茶叶特性的理性认识："茗之带草气者，茗之气质之性也，茗之带花香者，茗之天理之性也。""茗之气质变化，天理浑然之时也"。至今，做青工艺还没有脱离朱升对茶叶特性的理性认识。由此可以推断，武夷岩茶（大红袍）的做青工艺是朱升制茶理论指导下的工艺创新。

3.有长期的实践经验积累

武夷山茶叶制作先人在长期的红茶焙火实践中，认识到焙火除了对茶叶起干燥作用外，还有改变茶叶滋味、升华茶叶香气、提升茶叶品质的功效。于是，在焙火生产实践中，逐渐积累和总结了一套改变滋味、升华香气的方法。比如，用中火功将基本干燥的茶叶连续烘焙数小时，将茶焙至足干状态，可有效去除苦味、涩味、臭青味，收到茶叶滋味甘爽润活的效果。这个工艺，在武夷岩茶（大红袍）传统制作技艺中称之为"足火"。再如，采用"低温久烘、文火慢焙"的手法，将已足干状态的茶叶，置竹制焙笼中，再焙火若干小时，待茶香发越即行"闷盖炖火"，令茶叶吐香吸香。这一工艺手法，在武夷岩茶（大红袍）传统制作技艺中称之为"炖火"。经炖火的茶，香气充分发越，升华并转化为清纯馥郁的花香、果香和沉香凝韵的木质香。由此可见，武夷岩茶（大红袍）的足火、炖火工艺是武夷山茶叶制作先人在长期焙火实践中总结和积累出来的绝活，是实践出真知，实践基础上的创新。

4.有超人的创造智慧

武夷山是地灵人杰之地。武夷山茶叶制作先人是悟性很高、勇于创新、善于创新的人群。凭着超人的创造智慧，创造了小种红茶制作工艺，创造出驰名海外、享誉世界几百年的武夷红茶。同样，在武夷红茶行将衰落的时候，武夷山茶叶制作先人，又凭借超人的创造智慧，创造出武夷岩茶（大红袍）传统制作技艺，首开青茶（乌龙茶）制作之先河。武夷山茶叶制作先人创造武夷岩茶制作技艺的智慧不仅表现在做青、炖火工艺元素的创新上，还突出表现在工艺元素的精妙组合和工艺链条的精巧构建上。从武夷岩茶（大红袍）传统制作技艺的结构中，我们可以看到，武夷山茶叶制作先人创造武夷岩茶（大红袍）传统制作技艺的轨迹。首先，他们将小种红茶的工艺元素逐个分析，在弄清这些工艺元素的功能作用之后，有取有舍，有继承有创新。接着，将继承的、新创造的工艺元素按照各自的功能作用，把功能作用相同的、相近的工艺元素，组成一个个元素组合。然后，再将这些组合一一连接起来，形成一条由多种功能、多个组合组成的环环相扣的工艺链条，既各有专功，又系统配套，每发挥一种功能作用，完成一个组合作业，便形成一个形质特征。工艺一环一环推进，特征一个一个形成，最终构成一套能适应茶叶生化变化，可形成独特形质特征的精湛的茶叶制作新工艺——武夷岩茶（大红袍）传统制作技艺。

论武夷岩茶传统做青工艺创新的
理论基础与科学根据

内容提要：本文主要研究武夷岩茶传统做青工艺创新的理论基础与科学根据。文章从武夷岩茶传统做青工艺的基本元素分析入手，在探寻作用原理、组合方式、运行机制的基础上，揭示做青工艺创新与形成的科学根据。作者研究发现，武夷岩茶传统做青工艺创新，是理论指导下的创新，有理论的创立者，有完整的理论体系，有理论的传播方式。武夷山茶叶制作先人，接受并运用朱升创立的做青理论，结合当地制茶实践，自主创新出武夷岩茶传统做青工艺。

关键词：武夷岩茶，传统做青工艺，理论基础，科学根据

导　　言

业界同仁都知道，武夷岩茶特殊品质的形成关键在于做青。著名茶学家、中国工程院院士陈宗懋指出："做青工艺是品质形成的关键工序。"然而，这套做青工艺是怎样创新形成的呢？迄今仍鲜见有专门论述。作者试从武夷岩茶传统做青工艺基本元素及其组合运作方式的分析研究入手，探索工艺创新的理论基础，揭示工艺形成的科学根据。

一、武夷岩茶传统做青工艺的基本元素与组合运作方式

1.武夷岩茶传统做青工艺的基本元素

武夷岩茶传统做青工艺由哪些基本元素组成，在现代有代表性的著述中，有将晒青与摇青、晾青合并为"做青三工艺"，有将摇青、做手与晾青组合成"做青三要素"，有将做青概括为"全过程由摇青和静置发酵交替进行组成"，有将做青归纳为"摇青与做手"。上述几说中的做青工艺元素与组合，作者研究认为，似以林馥泉1941年5月17日在武夷山碧石岩茶厂《大红袍采制记录》的表述"摇青、做手与晾青"为准确。理由有三：一是采制记录的时间为20世纪40年代初，距武夷岩茶做青工艺创始年代（清末民初）较近。二是记录内容真实、完整，可信度高。三是武夷岩茶现行做青工艺的"摇动、碰青、静置"，完全承传于记录中的"摇青、做手与晾青"。其他几说对武夷岩茶传统做青

工艺元素的归纳和概括均有偏颇和缺失。

2.武夷岩茶传统做青工艺元素组合与运作方式

前述做青工艺要素虽各有功能作用，但是只有组合之后，方能成为一个完整的工艺。武夷岩茶传统做青工艺将各个工艺元素按照各自的功能作用与茶青内在要素化学反应的条件要求、先后次序组合在一起，形成一个有促进、有控制，促控结合的做青工艺元素组合：摇青—做手—晾青，从而形成一套完整的做青工艺。

研究还发现，武夷岩茶传统做青工艺不仅有工艺元素组合还有运作该组合的机制："有促有控，先促后控，促控结合，循环往复"。摇青、做手为促，静放晾青为控。摇青，一方面振动传能，活化分子；一方面互碰摩擦，损伤茶叶缘，促进茶分子氧化。做手，促进活化分子有效碰撞，为化学反应发生创造条件。静放晾青，降低化学反应速度，为活化茶分子提供相对宽裕的反应、转化时间。如此有促有控，促控结合，循环往复，使做青叶内的茶分子化学反应张弛有度，二级代谢产物适度形成、积累和转化，从而收到草气消融、花香氤氲、滋味醇厚甘爽的客观效果。

二、武夷岩茶传统做青工艺创新的理论基础

武夷岩茶传统做青工艺的创新，不像有的茶类出于某种机缘巧合，而是理论指导下的自主创新。作者研究认为，指导创新的理论基础源于明初的一首诗歌及其序言即《茗理并序》，诗歌作者乃安徽休宁人朱升。朱升在元末明初为明太祖朱元璋之谋士，除精于政治、军事谋略，

对理学、道教与制茶亦研究颇深。他将制茶的研究成果写成《茗理并序》诗歌，广为传播："茗之带草气者，茗之气质之性也，茗之带花香者，茗之天理之性也。治之者，贵乎除其草气，发其花香。法在抑之扬之间也，抑则实，实则热，热则柔，柔则草气渐除。然恐花香因而太泄也，于是复扬之。迭抑迭扬，草气消融，花香氤氲。茗之气质变化，天理浑然之时也。漫成一绝：一抑重教又一扬，能从草质发花香。神奇共诧天之妙，易简无令物性伤。"

细研《茗理并序》，似可分为5个层次。第一层次"茗之带草气者，茗之气质之性也，茗之带花香者，茗之天理之性也。"似可理解为朱升对茶叶生物特性的认识。朱升认为，茶叶中存在的"草气"与"花香"，各有其特性，他用理学语言将带草气者归结为气质特性，又将带花香者归结为天理特性。其实，不论气质特性也好，天理特性也好，皆茶叶的生物自然特性。第二层次"治之者，贵乎除其草气，发其花香。"指出治理的基本原则在于顺其自然，除草气，发花香。第三层次"法在抑之扬之间也"，指出制茶的基本方法在于控制与促进的把握，并着重阐述了控制的道理。第四层次具体讲控制与促进的运行方式："迭抑迭扬""一抑重教又一扬"，即又控又促，一次控制过后重来一次促进，就能收到"草气消融，花香氤氲"的效果。同时指出茶叶的这种先天气质变化，是道法自然，浑然天成的。第五层次说的是"一抑重教又一扬，能从草质发花香"的神奇效果，看似上天造化，其实是顺应自然，不伤茶叶自然特性，容易且简单的操作方法。

总而言之，从《茗理并序》的研读中，我们可以体会到诗歌作者在对茶叶（草质与花香）自然特性深刻认识的基础上，指出了改变茶叶自然特性的方向（贵乎除其草气，发其花香），同时研究创新出改变特性的基本方法（法在抑之扬之间也）及其运作方式（迭抑迭扬，一抑重教又一扬），强调遵循上述方式方法，便可收到"能从草质发花香"的客观效果，最后诗作者进一步指出，出现"草气消融，花香氤氲"看似浑然天成，其实是道法自然简单容易的制茶方法，不会伤了茶叶自然特性，是顺其自然，工艺与自然相互作用的结果。由此不难理解，《茗理并序》不仅是一首千古绝唱的茶诗歌，更是一部茶叶制作理论著述，是指导茶叶制作工艺创新的理论基础。从武夷岩茶循环往复的摇青、晾青、做青工艺与《茗理并序》中传授的"迭抑迭扬""一抑重教又一扬"做青方法的一脉相承，可见武夷岩茶传统做青工艺的创新与形成，是接受和运用朱升的制茶理论，在理论指导下的自主创新。

三、武夷岩茶传统做青工艺形成的科学根据

作者研究认为，武夷岩茶传统做青工艺的创新与形成，不仅有基础理论指导，而且做青工艺中的三个基本元素的作用原理，在《化学》《催化科学》和《生物化学》中都可以寻觅到根据。

1.摇青，在现代做青工艺术语中称之为摇动

这是做青工艺三元素中的首要元素，它是为做青叶分子活化提供能量的重要手段。在传统做青工艺中，摇青是用竹制的圆筛，将茶青（叶）置筛面上呈筛米状旋转运动，使茶青在筛面上振动跳跃，从而为

做青叶分子发生化学反应提供超过某一数值的能量，将茶分子变为活化分子，在《催化科学》中，称这一可将反应物分子变为活化分子的最低能量为"活化能"。

诚然，将反应物分子变为活化分子，仅仅是满足了化学反应的起始条件，要使化学反应得以顺利与持续进行，还需继续给活化分子提供适当能量，以提高活化分子的浓度。《催化科学》告诉我们："活化分子浓度愈大，反应速度也愈快，活化分子的浓度是决定反应速度的一个重要因素。"在制茶工具不是很发达的时代，摇青是增加内能，提高活化分子浓度，加快反应速度的重要手段。通过加大摇青力度，延长摇青时间，达到增加内能，加大活化分子浓度，加快反应速度的目的。由此可见，传统做青工艺中的摇青元素，看似简单却有其运用的科学根据。

2. 做手，在现代做青工艺术语中称之为碰青

在传统做青工艺中，做手是用双手将摇动后的青叶收拢合拍几下到十几下，使青叶与青叶发生有力碰撞。简单碰撞理论认为，"发生化学反应的必要条件是反应物分子必须发生碰撞，而且是分量超过某一限值的有效碰撞，才能发生化学反应"。在传统做青工艺中，做手位于摇青之后。通过做手碰撞，促进茶分子发生化学反应。尽管做手属徒手作业，没有借助工具，但是发生的作用也是不容小视的，如果没有通过做手提供"临界能"，茶分子的化学反应便不能发生。在现代做青工艺中，以碰青取代做手，科学根据是一样的。

3. 晾青，在现代做青工艺术语中称之为静置

在传统做青工艺中，晾青是最简单的一个工艺元素，也是历时最长的工艺要素。说其简单，它简单到只需将做青叶静放在晾青架上一定时间，便可收到控制茶分子化学反应速度的预期效果。晾青原理作用同摇青相反。摇青的作用是通过摇动提供能量，促进茶分子发生化学反应。晾青则是通过静放抑制茶分子化学反应速度，令做青叶内茶分子处于相对静止的状态，缓慢地进行化学反应。研究认为，这样做一方面缘于茶叶的生化特性，另一方面也缘于茶叶化学反应的性质。从茶叶生化特性看，化学成分丰富多样决定了化学反应的纷繁复杂，不好控制。从茶叶化学反应的性质看，茶分子的化学反应是内源酶促反应，无氧生物氧化，由此决定了茶分子的化学反应速率的迟缓性、温和性和循序渐进性。由此可见，晾青看似简单，不需要做任何动作，却蕴含着控制茶叶酶促反应速度的科学根据。

四、武夷岩茶传统做青工艺的实践检验

诚然，一个新工艺的创新与形成能不能收到预期效果，只有经过实践检验才能知道。哲学上曾经有句名言："实践是检验真理的唯一标准。"这项工艺创新能不能成功，也只有依靠实践检验，检验成功了，也就宣告这项创新的成功。

然而，如何检验？抑与扬（控与促）毕竟只是个理论原则，真正要获得成功还取决于具体的操作方法和运作机制。研究认为，朱升指导创新的做青工艺中，"选抑选扬""一抑重教又一扬"，便是形成工艺成果的具体操作方法和运作机制。"选抑选扬"说的是又抑又扬，又控

又促，"一抑重教又一扬"，说的是控制之后又促进。这里说的不是一种一一对应一次完成的操作方法，而是一种循环往复多次运作的操作方式。实践证明这种循环往复、多次运作的操作方式，每完成一次操作，便会发生一次化学变化，生发出一种新的芳香性化合物：头次是青草气，二次是清香气，三次是清花香气，四次是浓花香气，五次是鲜水果香气，六次是熟水果香气。如此经过五、六次一抑一扬往复操作，便可收到草质转花香，香气氤氲馥郁的神奇效果。

实践是检验真理的标准。按照《茗理并序》制茶理论创新的做青工艺，不仅容易简单，还在于它适应茶叶生物化学特性，道法自然，故能收到预期的成果。实践证明，传统武夷岩茶做青工艺的形成，是理论指导下的创新，这套工艺的每个元素都有其内在的科学根据。正由于此，武夷岩茶传统做青工艺从创新伊始至今已经历了百余年的历史检验，仍不失为一个精湛的茶叶制作技艺。作为武夷岩茶手工制作技艺的关键工艺——武夷岩茶传统做青工艺的创新与形成，对改变茶叶生物特性，使之由草质转化为花香，具有划时代意义，它使茶叶的化学反应由混沌转为明确，由不可控制转为可以人为控制，不仅创新出一个新茶类——武夷岩茶（青茶），还为今后茶类的推陈出新开了先河。

武夷岩茶焙火工艺的传承、创新与独特作用

内容提要：本文主要研究武夷岩茶焙火工艺。作者从焙火工艺的初焙、复焙、炖火、补火工艺元素形成与发展的分析研究入手，探索武夷岩茶焙火工艺的传承与创新，揭示其历史渊源及其对提升武夷岩茶品质的独特作用。

关键词：武夷岩茶，焙火工艺，传承，创新，历史渊源，独特作用

"焙火"，在现代主要茶类中多数属于定型、干燥工艺。然而，武夷岩茶传统制作技艺将焙火发挥到极致，成为制作香高味醇武夷岩茶的两大绝技之一（另一绝技为"做青"工艺）。我国著名茶学家陈橼

教授与武夷岩茶专家、高级农艺师姚月明对武夷岩茶焙火工艺有过重要评价。本文就武夷岩茶焙火工艺形成、发展过程中的传承与创新做一专题研究，揭示其历史渊源和其提升武夷岩茶品质的独特作用。

一、焙火工艺内容及其在武夷岩茶制作技艺中的地位与作用

1.武夷岩茶焙火工艺的内容

武夷岩茶焙火工艺的内容，叶启桐主编的《名山灵芽——武夷岩茶》一书表述为："初焙（俗称走水焙）、复焙（足火）、炖火（在足干的基础上再进行文火慢炖）、补火（俗称坑火）。"陈德华在其编著的《武夷山非物质文化遗产——武夷岩茶》一书的表述是："初焙，也称毛火，走水焙；初制复火；精制足火。"林馥泉1940年在武夷山实地记录和撰写的《武夷茶叶之生产制造与运销》论文中，将武夷岩茶的焙火工艺归纳为"初焙（俗称走水焙）—复焙—补火（俗称坑火）"。

上述武夷岩茶专家对武夷岩茶传统焙火工艺内容的表述虽不完全一致，但基本内容却是非常明确的，归纳起来就是："毛火（初焙、走水焙）—足火（复焙）—炖火（文火慢炖）—坑火（补火）"。

2.焙火工艺在武夷岩茶传统制作技艺中的地位与作用

焙火工艺在武夷岩茶传统制作技艺中的地位

在武夷岩茶传统制作技艺采摘—萎凋—做青—炒青—揉捻—焙火—扬簸、拣剔—复焙—团包—补火10个工艺环节中，焙火工艺占了3个。可见，焙火工艺在武夷岩茶传统制作技艺中占有十分重要的地位。

焙火工艺的基本作用

焙火工艺基本作用，本文作者曾在《论武夷岩茶（大红袍）传统制作技艺的传承、创新与形成条件》学术论文中，对此做过简要论述："武夷岩茶的焙火源于红茶，又高于红茶。其作用有3个层次：基本的层次在于干燥、去水分，这是焙火的低层次，俗称'走水焙'。中层次的焙火，目的是使茶叶达到'足干'，含水率降至5%左右，又称这种焙火为'足火'。焙火的高层次是'炖火'，是在足火基础上，通过闷盖炖火，低温久烘，促进茶叶吐香吸香，从而增进茶叶香气，醇和茶水滋味，去除苦味、涩味及其他不良杂味。"

二、武夷岩茶的焙火源于唐、宋、元饼茶，承传于烘青绿茶与工夫红茶焙火工艺

1."走水焙"工艺元素源于唐、宋、元团饼茶干燥工艺

"焙火"最早见于唐代陆羽《茶经·三之造》："晴，采之。蒸之，捣之，拍之，焙之，穿之，封之，茶之干矣。"焙火的基本方法是"茶之半干升下棚，全干升上棚。"可见，唐宋时代之烘焙，主要用于"走水"（蒸发水分），令茶饼干燥，属于低层次的焙火，俗称"走水焙"。我国著名茶学家、茶圣吴觉农说："宋代北苑贡茶的制法，基本上没有超越唐代制作饼茶的范围。"据作者考证，元代武夷山御茶园制作大小龙团饼茶亦如此。可见武夷岩茶之"走水焙"，源于唐宋元团饼茶之干燥工艺。

2. "足火焙"工艺元素承传于烘青绿茶与工夫红茶焙火工艺

明初，太祖朱元璋诏令废团饼茶改芽散茶充贡以后，绿茶兴起并几经改进绿茶制法，先是蒸青，后是烘青，再后是炒青。烘青绿茶的焙火工艺最为考究，吴觉农云："烘青绿茶将干燥方法分为毛火烘焙与足火烘焙。毛烘采用'高温、薄摊、快速'烘干法，烘至六七成干后及时下烘进行摊凉。足烘：采用'低温慢烘'法，烘至足干。"据研究，武夷山在明初废团饼茶制法以后，改制绿茶的过程中，也经历了蒸青、烘青、炒青阶段，其中的烘青焙法亦如吴觉农所述。后来的工夫红茶干燥工艺中的毛火与足火，承传于烘青绿茶。

至于工夫红茶的创始年代，陈椽、杨晓华《武夷茶三起三落》学术论文中说："咸丰年间（1851—1861年），福安县坦洋村姓胡者在小种红茶的制法上加以改进，简化创制成功坦洋工夫红茶，远销西欧，颇受欢迎……极盛时……邻近的政和、福鼎也相继仿效，改制工夫红茶。"林光华、陈成基《坦洋工夫》记载：工夫红茶工艺中的干燥工序，分毛火与足火。仿制的政和工夫红茶焙火亦沿用毛火与足火。林应忠主编的《政和工夫红茶》记载：政和工夫红茶的干燥，也分为毛火与足火。"毛火第一次烘至七八成干，足火第二次烘至足干"，与坦洋工夫红茶焙法无二致。经研究，武夷岩茶传统焙火工艺中之毛火、足火，与烘青绿茶之毛烘、足烘，坦洋工夫红茶与政和工夫红茶之毛火、足火极为相似。

然而，武夷岩茶传统焙火工艺是否取法于福安坦洋工夫红茶，或是取法于政和工夫红茶，则不见有专论。作者研究认为，武夷山在清代中叶就有工夫茶之记载。陆廷灿《随思录》云："岩茶，北山者为上，南山者次之，南北两山，又以所产之岩名为名，其最佳者，名曰工夫茶，工夫之上，又有小种，则以树为名，每株不过数两，不可多得。"刘靖《武夷茶》云："岩茶中最高者曰老树小种，次则小种，次则工夫小种，次则工夫，次则工夫花香，次则花香。"梁章钜《品茶》云："余侨寓浦城，艰于得酒，易于得茶。盖浦城本与武夷接壤，即浦产亦未尝不佳。而武夷焙法，实甲天下，浦茶之佳者，往往转运至武夷加焙，而味较胜，其价亦顿增。其实古人品茶，初不重武夷，亦不精焙法也。"可见清代中叶武夷工夫茶之焙火方法已独树一帜，冠甲天下。

上述记载之作者陆廷灿与刘靖，先后于1717—1734年任武夷茶原产地崇安县县令，记载时间为清代康熙与雍正年间，说明清朝中叶武夷山已从小种红茶发展到工夫红茶。梁章钜曾任广西巡抚、江苏巡抚兼署两江总督，嘉庆十一年和嘉庆十八年两度游武夷山，并在武夷山讲学。记载内容当为真实，记载的年代在1807—1814年，较坦洋工夫红茶创始时间咸丰年间（1851—1861年）早44～47年。比政和工夫红茶则更早了。可见，武夷岩茶之毛火与足火工艺不是承传于坦洋工夫红茶和政和工夫红茶，而是承传于武夷山本土之工夫红茶的焙火工艺。

三、炖火工艺元素的创新

炖火脱胎于足火，在茶叶足干的基础上文火慢炖、低温久烘。研究发现，炖火工艺元素的创新，是武夷山茶叶制作先人在足火过程中发现并创新的焙火新工艺。炖火工艺创新之初，其目的是为了"保香"，诚如林馥泉教授云："第三次翻茶后叶中水分蒸发将尽，焙笼即须加盖，以防茶香散（失）过巨。"保香的主要方法是第三次翻茶后及时将焙笼加盖。茶学家陈椽将这一方法概括为"闷盖炖火"。然而，除保香之外，武夷山茶人最为看重和期望的功效是通过炖火促进茶叶"吐香"，以弥补做青不足，提高茶叶香气。于是，他们在复焙（足火）促足干的同时，逐步探索并创新出"低温久烘，文火慢炖"促进茶叶"吐香"的炖火新工艺，并将这个新工艺从足火工艺中独立出来，发展成为提升武夷岩茶香气的出色措施。对此，我国著名茶学家、安徽农学院陈椽教授曾予肯定。从此，炖火作为焙火工艺的独特元素，从足火中脱颖而出。对于这个新创的工艺元素，其提升武夷岩茶品质的独特作用，除提升香气之外，还有熟化香气、醇和滋味、增进汤色、提高耐泡程度的效果。叶启桐对炖火工艺亦做过类似论述："炖火，即低温慢烘，是武夷岩茶传统制法的重要工艺。岩茶经过低温久烘，促进了茶叶内含物的转化，同时以火调香，以火调味，使香气滋味进一步提高，达到熟化香气，增进汤色，提高耐泡程度的效果。炖火的高超技术，为武夷岩茶所特有。"由此可知，炖火工艺元素的创新，对提升武夷岩茶香气有独特作用，它可大大提升武夷岩茶的品质，使之升华为香、清、甘、活，味香双绝的新茶类。

四、武夷岩茶焙火工艺对提升茶叶品质的独特作用

武夷岩茶焙火工艺在武夷岩茶传统制作技艺中，依工序分属于不

同时段，不像萎凋、做青、揉捻等工序集中于某一时段。焙火中的初焙（毛火、走水焙）分属于茶叶初制阶段（也有将复焙中的足火归属于初制阶段），复焙（足火、炖火）分属于精制阶段，补火（坑火）则分属于成品茶包装阶段。研究认为，焙火的这种归属不是随心所欲的，而是由茶叶生化状况所决定的。

1.初焙（毛火、走水焙）

揉捻之后的茶叶，水分依然充足，且揉捻后的茶索水分回润后会逐渐恢复到舒张状态，此时若不将水分及时蒸发，揉捻将前功尽弃。因此，茶叶初焙的主要作用就是用加温蒸发揉捻茶之水分，使之紧结不散，定型为外形优美的条形茶。

初焙除起紧结茶索、定型的作用外，还有"毁灭酵素，固定品质"的作用，因此，在初焙前期采用"高温短时"烘焙方法，"迅速毁灭酵素活性"。林馥泉研究发现，"仅十一二分钟，酵素即可失去活力。"林馥泉说的酵素即茶叶中的酶。短时高温可钝化酶活性，从而使做青阶段激发出的茶叶香气，不因酶活性的作用而继续发生酶促反应，致已经达到最佳效果的茶香发生变化。林馥泉还对高温短时烘焙法的实际温度与实际时间于1940年5月14日在武夷山碧石岩茶厂做过实际测验，测得："茶青在100摄氏度火力之中，烘4分钟，焙师即动手翻青（茶），后移过98摄氏度上下之其他焙窟上，再经8分钟，初焙即告完成。""此时的茶青（叶）含水量减至30%，至此，初焙已适度。"此测试真实而准确记录了武夷岩茶初焙（毛火、走水焙）高温短时的烘焙方法。此焙法延续至今，一直没有改变。

2. 复焙（足火）

复焙的目的与初焙不同。复焙是在初焙将水分蒸发到七成干时，继续低温烘焙，使复焙茶达到足干状态，以利保香、定味和耐藏。林馥泉对复焙（足火）的工艺方法，也做过测试并有具体记录："笔者（林馥泉自称）1940年5月18日在碧石岩茶厂对菜茶（注：武夷岩茶之奇种俗称）复焙之测定，结果如下：在100摄氏度火温下，经17分钟后摊于（筛）面上之茶叶，已不复润湿，即行第一次翻茶；其后水分蒸发，茶叶温度高至120摄氏度，再经24分钟，手触茶叶沙沙作响，即行第二次翻茶，其余复经30分钟，行第三次翻茶。第三次翻茶后叶中水分蒸发将尽，焙笼即须加盖，以防茶香散过巨……起焙时间，系第三次翻茶之后半小时，此时茶已足干（含水率一般5%左右），用手捻之，脆碎成末。"上述记录中足火之实际温度、烘时与操作方法，乃至茶叶足干的标准，虽然历时已半个多世纪，至今仍然沿用。

3. 炖火（文火慢炖）

武夷岩茶传统焙火工艺之炖火，随着时间的推移，实践的深入，其功能作用又有新的发现：炖火不仅可以保香、提香，还可以改变茶叶的水色与叶色，转变茶水的滋味。由此，炖火的功能作用由保香发展为提香、转味、改色，成为全面提升武夷茶品质的独门绝技。

专家对炖火工艺概括得很精炼，只有3句话、12个字："低温久烘，文火慢炖，闷盖炖火"。然而，这套工艺理论在实际焙火中如何正确掌握，使之更好地适应茶叶的自然特性，发挥更好的功能作用，也是武夷山茶人长久探索的课题，或者说一直是武夷山茶人持续破解的技术难题。

长期以来，武夷山茶人采用的炖火工艺是前人流传下来的经验，诚如叶启桐先生所描述："炖火的火温，传统的方法是用手背靠在焙笼外侧，有一定热手感为适度"，"炖火过程费时较长，一般需7小时左右，中间还需翻焙处理"，"为避免香气丧失，焙笼还需加盖"。

上述经验，实践检验确能取得一定效果，不仅可以保香，还可获得悦人的火香。但是，出不了花香、果香、焦糖香，改变不了茶水的苦味、涩味和其他不良杂味，也转变不了茶叶之水色与叶色。可见传统的"文火慢炖""闷盖炖火"的经验，对于炖火温度和时间的度量与把握，尚存在很大的实践空间。仍需广大茶人和茶叶专家根据"低温久烘""文火慢炖"理论，进一步实践积累起新的经验，或通过科学实验探索出一套精准的操作方法，使炖火工艺更好地适应茶叶自然特性，发挥更好的功能作用，从而达到提香、转味、改色的新境界。

为进一步提升武夷岩茶品质，使武夷岩茶制作由经验走向科学，武夷山已涌现出一批民营茶叶科技企业，深入开展岩茶制作的科学技术研究，其中有的已经取得了丰硕的科研成果。比如武夷山市武夷岩茶研究所的科研人员，不仅自主研发委托加工出一条武夷岩茶清洁化、自动化初制生产流水线，使岩茶初制实现了由手工操作向机械化、自动化方向转变，由经验走向科学；在精制炖火方面，也取得了可喜的研究成果。他们经多年研究和实验，在炖火工艺温度与时间的把握上，已探索和总结出一套新的经验数据与方法，基本上可收到提香、转味、改色的客观效果。比如，他们分别用轻火、中火和重火，在某一条件下，某一温度范围内（具体温度因涉技术秘密，不予公开，下同）可将蕴含茶叶内待发花香激发出来，变为清爽甜醇的清花香；在某一条件下，某一温度范围内，将已经显现的清花香转化为芬芳馥郁的浓花香；在某一条件下，某一温度范围内将悦鼻的火香升华为浓醇馥郁的焦糖香。分别用短时、中时和长时炖火，在某一条件下，某一时长范围内，将臭青味转化为清香味，将火香味转化为焦糖香味。在某一条件下，某一时长范围内将青涩味转化为鲜爽甘活滋味，将苦味转化为甘甜味。在某一条件下，某一时长范围内还可去除酸、馊、酵等不良杂味。他们的实验还发现，炖火的某一温度和某一时长相配合，还可以改变茶叶的叶色和茶水的水色。在研究和实验中，科研人员不仅找到了提香、转味、改色的炖火最适温度与最适时长，同时还找到了达到炖火某一效果的温度与时长的最佳组合方式。从而使炖火工艺实现由经验向科学的转变，把炖火工艺推上一个新的台阶。他们的科学实验还发现，炖火不仅可以收到提香、转味、改色的奇妙效果，还可以起到浓味的作用，令淡如白水的普通茶水，变成绸缪适口，润活生香的高级茶饮。从而真正反映、体现出炖火工艺对于全面提升武夷岩茶品质的独特作用，成为提升武夷岩茶品质的最高技术措施。

目前，武夷山的民营茶叶科技企业，有相当一部分在炖火工艺上已经超越了传统经验。有的通过深入实践，积累起新的经验；有的通过科学实验，探索出一套科学的操作方法，从而使炖火工艺实现由经验向科学转变，把炖火工艺提高到一个新的水平。名副其实地将炖火发展成为提升武夷岩茶品质的独门绝技。

4. 补火（坑火）

在武夷岩茶传统焙火工艺中，补火（俗称坑火）虽然方法与作用比较简单，但也是不可或缺的焙火工艺元素。补火的作用是利用火温去除包装纸上的水分，以免足干的成品茶因吸收了包装纸上的水分失香、变味、不耐藏甚至发生霉变。补火的方法据林馥泉记载："将团（包）茶叠放焙笼中，仍放于焙窟上烘之，使'衬纸'内含有的水分完全蒸发……然后于笼顶加盖，避免香味散失。'坑火'时间比复焙为短，约1小时，以手触焙笼上部团包纸面有热即可。"

CHAPTER2 | 第二篇
武夷岩茶现代制作工艺

第二章

CHAPTER 2

优质茶现代种植方法

论武夷岩茶制作方式的重大转变

内容提要：本文专题研究武夷岩茶制作方式的转变。作者研究发现，从20世纪80年代开始，武夷岩茶的制作方式发生了重大转变：传统手工制作工具已为现代机械替代，与之相适应的传统手工制作技艺，亦为现代机械制作工艺取代。为此，作者探寻了发生转变的原因、转变的方式、转变的过程、转变的实际意义，以及传统手工制作技艺的历史意义。

关键词：武夷岩茶，制作方式，机械制作设备，机械制作工艺，传统手工技艺，传统制作工具

导　言

武夷岩茶的制作方式，自传统手工制作技艺创新伊始，至今已历时一个世纪。由于该技艺精妙绝伦，制作出的武夷岩茶特别是大红袍，驰名中外，享誉世界。

然而，随着市场经济的迅速发展，武夷岩茶商品化程度越来越高，市场需求越来越大。传统的手工制作方式，越来越适应不了商品化、市场化大生产的需求，传统手工工具逐渐为现代机械设备所替代，与手工制作方式相适应的传统手工制作技艺，也基本为现代机械相配套的制作工艺所取代。为此，有学者感叹："武夷岩茶传统手工制作技艺离我们渐渐远去，濒临消亡。"

作者认为，此种现象并非坏事，它是武夷岩茶制作方式的重大转变，这种转变反映的是时代进步，技术进步。为此，本文专题研究这个重大转变，探寻发生转变的客观原因，实现转变的方式，以及转变的实际意义，转变后传统手工技艺的历史意义。

一、转变的起因

研究认为，发生转变的起因，源于改革开放以后，武夷岩茶知名度越来越高，市场需求越来越大，种植规模以前所未有的速度扩大。传统手工制作方式越来越适应不了规模化商品生产的客观要求。

1.受限于传承方式，制茶师傅紧缺

业界同仁知道，武夷岩茶传统制作技艺是富于技巧性的一项手艺。它不像现代工艺技术，只要掌握好与机械相适应的操作规程，就可以把产品制作出来，而且，现代工艺技术有文字记载，可以随时研习实践，便于掌握。武夷岩茶传统制作技艺就不一样了，它没有文字记载，只能依靠师傅口传身授。囿于师德，关键性技巧不肯传授；也囿于口语表达，传授的技巧常常言不及义，由此导致全面掌握岩茶传统手工制作技艺的师傅稀缺。此外，师承传授的另一个缺点在于一对一的以师带徒，授业人数有限，满足不了商品化大生产的人才需求。因此，以师带徒、口传身授的传教方式，已大大适应不了规模化商品生产的客观要求。目前，武夷山做过工商登记的注册茶企已逾2 000户，其中，茶叶主产区星村镇就有茶企1 200余户。按一户一个制茶师傅计算，就有1 200余名。然而，在这数量众多的制茶师傅中，真正拜师学艺者屈指可数，绝大部分只是在大茶厂打工时跟过师傅制茶的新手充当起制茶师傅罢了。因此，非常需要通过一种有效方式把这些新手培养造就成名副其实的制茶师傅，以适应规模化商品生产的客观要求。

2.受制于手工操作，生产效率低

武夷岩茶传统制作方式为手工操作，与之相配套的制作工具，除炒青锅为铁器外，其他均为竹器工具。手工炒青，每口锅一次只能炒1～1.5千克青叶，不但工效低，而且炒出来的茶叶品质很不稳定。手工揉捻，徒手在竹编的揉筋上趁热重力揉搓，每次只能揉1～1.5千克，劳动强度大，工作效率低。做青，也是徒手在竹编水筛上作业，

每筛只能摊放 2～2.5 千克，一个做青师傅只能管理 15～20 个水筛。一会儿摇青，一会儿做手，一会儿晾青，轮番反复操作十几个小时，耗时、费力、工效低，辛苦劳作一昼夜，只能做青 30～40 千克。按照茶园亩[①]产 300～400 千克的茶青量计算。目前，在武夷山一户茶企拥有的茶园面积最少也有 30 亩，单季产青叶在 9 000～12 000 千克，靠手工做青半年都做不完。且茶青采制是个季节性很强的作业，最佳做青时间只有 7～8 天，前嫩后老相加最多只有 10 天左右。错过最佳时间，会造成茶青叶大量老化，从而导致茶青叶的极大浪费和经济收入的极大损失。为此，改变这种低工效的手工制作方式已成为规模化商品生产的客观要求。

3.受制于天气，质量不稳定

在武夷山，武夷岩茶采制季节在春末夏初，此节气天气多变，时晴时雨，且雨多晴少，湿度大。用手工方式制茶，受天气影响非常大。晴天，出好茶的概率高。雨天，基本无法制茶，勉强制出的茶，也基本是"色香顿减淡无味"。这种受制于天气的手工制作，好茶率很低，茶叶质量很不稳定。因此，茶企、茶农对改变这种状况的要求十分迫切，采用机械制茶的积极性、主动性很高。

二、转变的方式与过程

研究发现，武夷岩茶制作方式的转变，是从制作工具的改进开始

---

① 亩为非法定计量单位，1亩 ≈ 667米^2。

的，进而改变制作工艺，最终实现制作方式的转变。

1. 制作工具的革新与转变

从20世纪60年代开始，武夷山就有茶厂和茶叶科技人员尝试从技术要求高，工作量最大的杀青作业入手，设计制造出由马达传动，可加热的滚筒式杀青机，10分钟左右即可杀青15 ～ 30千克，杀青效率是手工锅炒的15 ～ 20倍，且效果好于手工炒青。不仅大大提高了杀青工作效率，稳定了杀青质量，更为重要的是机动杀青突破了手工锅炒的数量瓶颈，大大提高了武夷岩茶的生产量。

尝到采用机器制茶的甜头后，武夷山市茶企又着手引进和推广电动揉捻机，替代竹编的揉筛，改手工在竹筛上揉搓为在铁制的揉捻机上揉捻，既省力又省工，大大提高揉捻效率。使用揉捻机揉捻，一次可揉捻茶青逾30千克，比手工揉捻效率提高近10倍。

20世纪70年代中后期，武夷山市前身的崇安县农械厂与南平地区茶叶公司科技人员又对工作量最大、耗时最长、技术要求最高、品质影响最大的做青工具进行革新，研发创新出国内第一台乌龙茶综合做青机，替代竹编的水筛，将摇青方式由手工筛动改为机械滚动，集摇青、做手、晾青工艺于一体，有促进、有控制，促进与控制相结合的工艺方式进行做青作业。这一革新，极大提高了岩茶初制的生产力。一台综合做青机单班制作青叶量可达200 ～ 250千克，相当于10个做青师傅1天的生产量，且质量不低于手工做青。目前，综合做青机已经在武夷山和闽北乌龙茶区得到广泛推广和使用，正如武夷岩茶专家、高级农艺师陈德华所说："现在，闽北乌龙茶区，很难找到一家没有使用乌龙茶综合做青机的茶厂了。"

总之，从20世纪60年代开始采用机械制茶以来，至20世纪末，随着市场经济的发展，武夷岩茶知名度的提高，种植规模越来越大，岩茶制作的机械化程度也越来越高。武夷岩茶的采摘、萎凋、做青、杀青、揉捻、干燥、拣剔、筛分、风选、炖火、包装等各个工艺环节，都使用上了现代机械设备，手工工具基本为现代机械设备所取代。

2. 制作工艺的革新与转变

研究认为，制作工艺是与制作工具相伴随行的一对伙伴，有什么样的制作工具被创制出来，就有什么样的制作工艺相配套。反之亦然，武夷岩茶传统制作技艺创新以来，与之相配套的基本是竹编工具。比如，做青使用的工具是竹编的水筛，揉捻使用的是竹编揉笏，烘干与炖火使用的是竹编焙笼等。与竹编工具相适应的是富于技巧性的手艺。采用机械制茶以后，传统的制茶手艺为体现机械工艺的操作规程所代替。比如，做青作业采用综合做青机后，与之适应的操作工艺由筛动摇青改为滚动摇青，做青叶在滚筒内分别完成吹风、摇动、碰撞和静置作业，根据做青叶生物变化要求，循环往复操作，直至做青叶出现绿叶红镶边，散发出浓醇馥郁花果香气为止。收到的做青效果与手工筛动作业的效果完全一致。尤为重要的是，使用综合做青机还一举解决了萎凋、做青受制于天气的局限，雨青和晚青都可以在机内完成。由此，手工做青的技艺完全被机械工艺替代，这是武夷岩茶做青工艺的重大转变。

同样，适应杀青机操作的杀青工艺也应运而生。采用杀青机以后，手工锅炒被滚动式杀青机替代，杀青工艺由手工控制改为电动控制，闷炒、扬炒均在机内完成，杀下的青叶不仅达到手工炒青的标准，且批批一致，质量稳定。更为重要的是突破了炒青数量瓶颈，极大地提高了杀青作业的工作效率。

再如，竹编的揉笝为铁制的揉捻机替代后，机械揉捻按照"轻—重—轻"的工艺程序，做顺时针旋转式揉捻，比手工揉捻施压均匀，更有力度，揉出的茶索粗细匀称，茶汁外溢，更有利于加强呈味物质的转化和岩茶特有韵味的形成。

在茶叶干燥环节，适应烘干机的要求，新工艺改炭火直接烘焙为用煤或柴将锅炉里的空气加热，鼓热风烘干茶叶，操作上采用"高温、短时、快速"的工艺，在半封闭的箱体内完成干燥作业，不仅干燥得快，且干得均匀，还有利于瞬间钝化酶活性，中止酶促反应。从而固定做青与杀青中形成的品质。

3.制作方式的重大转变

由上两节可见，制作工具与制作工艺的革新与转变，促进武夷岩茶的制作方式也发生了重大变化，即由传统手工制作转变为现代机械制作。这一转变，不仅大大减轻了制茶师傅的劳动强度，而且大大提高了岩茶制作的工作效率，极大地解放了岩茶制作的生产力，更为重要的是，这种变化还使武夷岩茶品质的形成由受制于天，向人为控制转变成为可能。

三、转变仍在前行，传统手艺濒临消亡

虽然20世纪下半叶，武夷岩茶的制作方式发生了重大变化，岩茶

生产的各个环节都用上了机器，并采用了新工艺制茶，但是，变化并没有结束，转变仍在进行，正在与时俱进，向着更现代化、更科学化的方向发展。

1.制作机械朝程控化、智能化方向发展

随着武夷岩茶商品化生产规模的扩大，消费者对茶叶品质要求的提高，茶企和茶农为适应市场经济，对茶叶机械功能作用的要求也越来越高。在市场推动下，茶叶机械新功能和制茶新工艺的研发也越来越精。新功能的茶叶机械、新的制茶工艺也不断推陈出新，显得愈加现代化与科学化。首先，在机械设备的改进上向着程控化、智能化方向发展。比如，将电子程控仪装配于综合做青机上，使加热、吹风、摇动、碰撞等作业实现依程序控制、标准化操作，将上述作业控制于最佳状态，从而令茶叶内含物化学反应充分和适度，达到期望效果。再如，将计算机技术应用于揉捻作业，实现装料、施压、揉捻、下料全过程由计算机智能化操作，揉出的茶叶条索粗细匀称，茶汁外溢，比手工揉捻效果更好。

2.制作工艺朝综合化、标准化方向迈进

在传统手工制作技艺中，萎凋与做青是两个不同的工艺环节。萎凋的功能通常被认为是为了散失一部分水分，以软化青叶，利于做青。做青的功能是为发酵。两者的功能作用不一样。发明综合做青机后，将萎凋与做青合并于一台综合做青机内，边萎凋、边做青，避免萎凋过头，失水过度，影响发酵。这是因为，做青叶发酵同一般发酵一样，需要在一定水分环境中才能进行，从茶叶进入萎凋开始一直到发酵都

要保留一定的水分。如果前期萎凋过头，失水过度，后期做青时叶片干枯便不能发酵，发生不了化学反应。将萎凋、做青两工艺结合于一体，边萎凋、边做青，把散失水分分布于做青各个阶段，可收到相得益彰的效果，比分开制作效果更好，这便是综合起来所起的作用。同样，将烘干与炖火两个工艺集中于一台链板式烘干机内，前期干燥，后期炖火，也可收到相得益彰的效果。

岩茶制作实现机械化后，为岩茶标准化制作创造了条件，开辟了道路。现在，岩茶制作的几个主要工序：做青、杀青、揉捻、干燥都在取得最佳技术参数的基础上逐步实现标准化操作。比如，炖火作业，在岩茶达到足干的基础上，欲想得到花香，输入轻火数据，炖上若干小时，即可得到花香；欲想得到焦糖香，输入重火数据，炖上若干小时，便可得到焦糖香；欲想得到果味香，输入中火数据，炖上若干小时，便可得到果味香，从而实现炖火操作标准化，有利于进行批量生产，稳定茶叶品质。

3.制作方式朝清洁化、连续化方向发展

现在，武夷山有少数上规模的茶叶企业，岩茶制作的科技水平又提高了一步。它们已不满足于单机作业和落地式生产，它们将岩茶初制阶段的萎凋、做青、杀青、揉捻、干燥等主要环节的机械设备连接起来形成一条生产流水线，由单机分散作业改为集中连续作业，用计算机控制，不落地生产。不仅实现生产的标准化、规模化，还实现了产品的清洁化。更为可贵的是，有的茶企还将有利于提高茶叶品质的科研成果运用于流水线上，从而，稳定提高了岩茶的品质。比如，将

揉捻后的茶索再行一次高温、快速复炒，从而生发出岩茶独有的韵味（焦糖味）。又如，将冷却技术应用于干燥作业，从而收到油润叶色、醇和滋味的效果。

4.传统手艺濒临消亡

武夷岩茶制作方式的转变，为提高岩茶商品生产力开辟了新的道路。同时，也令延续百年的岩茶手艺逐步退出生产领域，正如武夷岩茶学者黄贤庚先生感叹："现今已基本上见不到用全套手工技艺来制作武夷岩茶，所以这种依靠记忆而口头传承技巧性很高且非常吃力的手艺，已经很少有人会操作。"尽管有些茶事活动还有传统手工技艺的表演，"但是往往只是局限于摇青等一两道工序，有的还走了样"。可见，曾经辉煌一个世纪的武夷岩茶传统手工制作技艺，由于不能适应现代商品生产的要求而濒临消亡。

四、武夷岩茶传统手工制作技艺的历史地位

研究认为，武夷岩茶制作方式虽然发生了重大转变，传统手工制作技艺已经为现代机械制作工艺所替代。但是，这套精湛独特、无与伦比的岩茶制作手艺，它在茶叶发展史上的历史地位是不容忽视的。它曾经创造出一个新的茶类（青茶），它将茶叶制作水平提高到一个新高度，开创了茶叶制作的新纪元，在茶叶发展史上具有里程碑的意义。今天，不能因为其渐行远去而把它忘记。况且，现今岩茶制作尽管在各个环节都使用了机器，用新工艺操作，但是，作者研究认为，这些

新工艺仍然没有脱离手工制作技艺的基本原理。比如，采摘工序，虽然使用了采摘机械，但是什么时候采，采芽还是采叶，采摘几个叶片，仍由传统采摘工艺决定。采摘武夷岩茶，采摘时间以春末夏初为合适，一芽三叶开面采为适度。不会因为实行了机器采摘而改变采摘时间和采摘标准。再如萎凋工序，传统手工制作技艺原理是，通过晒青，蒸发梗叶中的一部分水分，使之达到内含物水解需要的浓度，没有因为采用萎凋机而改变或放弃上述原理。同样，做青环节采用综合做青机，做青工艺虽然由"摇青—做手—晾青"改变为"吹风—摇动—停置"，但摇青、做手、晾青的工艺元素仍在发挥作用，做青原理和科学根据并没有改变。还有杀青作业，虽然由手工锅炒改为机器杀青，但是，两种杀青方式的工艺原理是一样的，都是通过杀青对做青叶中的各种酶进行钝化，阻止酶促反应，从而保留青叶原有成分。为此，以做青为手段的酶促反应化学质变方式和以杀青为手段的中止酶活性的化学质变方式组合为一体的武夷岩茶传统制作技艺，仍完整地保留着。它是形成武夷岩茶品质特征的基础即基本原理。没有因为采用了机器，为适应机器的工艺操作而改变。研究认为，转变茶叶制作方式并不等于创造了茶叶制作的新工艺，只有创新了制作工艺原理，同时又采用了机器操作，才是真正意义上的创新。目前，武夷岩茶制作虽然采用了机械制作，但是岩茶制作中用物理方式引起化学质变的基本原理并没有改变，说明武夷岩茶传统制作技艺的基本原理还没有过时，仍然表现出很强的生命力，它在茶叶制作发展史上仍然占有十分重要的历史地位。

武夷岩茶制作章法之研究

内容提要：武夷岩茶制作技艺创新之初就蕴含了制作章法。作者研究发现，武夷岩茶制作章法是武夷岩茶制作工艺的程序和规则，而制作技艺则是程序和规则条件下的操作技巧。为此，本文试从章法定义入手，展开对岩茶制作章法、制作章法与制作技艺的关系、制作章法对形成岩茶品质特征的作用以及制作章法的应用等方面的研究。

关键词：武夷岩茶，制作章法，制作技艺

导　　言

本文主要研究武夷岩茶制作章法，同时研究制作章法与制作技艺

的关系、制作章法对形成岩茶品质特征的作用、制作章法的实际应用。作者研究发现，章法对岩茶品质的提高有十分重要的意义。

一、章法及其意义

1.章法

章法在《现代汉语词典》释义为：①文章的组织结构；②办事的程序和规则。有人将章法用于解释书法："章法指安排布置整幅作品中，字与字，行与行之间呼应，照顾等关系的方法。亦即整幅作品的'布白'，亦称'大章法'。习惯上又称一字之中的点画布置和数字之间布置的关系为'小章法'。""章法在一件书法作品中显得十分重要，书写时必须处理好字之布白，逐字之布白，行间之布白，使点画与点画之间顾盼呼应，字与字之间随势而安，行与行之间递相映带。如是自能神完气畅，精妙和谐，产生'字里金生，行间玉润'的效果。"

上述书法章法的解释，对于制茶章法的研究颇有借鉴意义，故全文抄录之。

2.章法对武夷岩茶制作的意义

作者认为，章法作为"办事的程序和规则"，同样也适用于茶叶制作。在岩茶制作活动中，懂得章法，依章法做事的制茶师傅，大多能制出外形、内质特征明显的好茶。不懂得章法，不依章法制茶的师傅，基本上制不出特征明显的好茶，制得的茶叶大多是有外形而无内质的等外茶。

在武夷山，由于茶产业发展过快，未经培训和拜师学艺的新手，充当制茶师傅的现象非常突出。以岩茶主产区星村镇为例，茶企1 000余家，制茶师傅千余名，然而，懂得制茶章法，能够按章法制茶的屈指可数。相当一部分制茶师傅的制茶技能是来自在大茶厂打工时学到的一点表面功夫。他们并不懂得制茶章法，只是照葫芦画瓢，将打工时看到的一会儿摇动、一会儿静放、一会儿鼓热风、一会儿吹冷风，机械地依样将茶青鼓捣折腾十几个小时后交付炒青、揉捻和烘焙，毛茶虽然制作出来了，可是这种毛茶只有外形而无内质，没有岩茶主要特征，从而大大影响武夷岩茶的基本品质。可见，章法不仅对书法有意义，对于制茶师傅的培养，对于岩茶品质的提高，亦有十分重要的意义。

二、岩茶制作章法的内容

1.岩茶制作章法与岩茶制作技艺之定义

岩茶制作章法，比照章法释义，拟定义为：岩茶制作之基本法则，岩茶制作工艺之程序与规则。

按照《现代汉语词典》释义，"技艺"为"富于技巧性的表演艺术或手艺"，联合国粮农组织称传统的技艺为"非物质文化遗产"。依据上述释义，武夷岩茶制作技艺当定义为：富有技巧性的岩茶制作手艺，国家认定的非物质文化遗产。

2.岩茶制作章法与制作技艺的关系

从岩茶制作章法与制作技艺的定义看，制作章法讲的是制茶的程序与规则，制作技艺讲的是制茶的技巧。前者强调的是标准法度，后者讲求的是操作技巧。它们是内在规定与外部条件的关系。比如，闷盖炖火是保香的章法，但何时闷盖、闷炖多久则有技巧。这就是章法与技艺的关系。

3.岩茶制作之大章法与小章法

（1）岩茶制作之大章法。作者研究认为，武夷岩茶传统制作技艺中的十大工艺环节，可视为岩茶制作的大章法。它是武夷山茶叶制作先人在长期劳作实践中，不断探索、总结、提高而形成的具有特色的手工制茶技艺。该工艺将岩茶制作之全过程，按功能划分为采摘—萎凋—做青—炒青—揉捻—初焙—拣剔、扬簸—复焙—团包—补火10个工艺环节。前6个环节为毛茶初制阶段，后4个环节为加工精制阶段。每个环节在岩茶制作中各有功能作用，缺一不可，且前后程序不能颠倒，从而构成岩茶制作之大章法。

（2）岩茶制作之小章法。岩茶制作工艺之各个环节，各有工艺元素与操作手法。做青环节就有摇青、做手与晾青3个工艺元素。让这些元素起作用的是各具特色的操作技巧。然而，这些技巧的运用又受一定的程序和规则制约，在一定标准法度内实施，方能达到期望效果。因此，我们称之为岩茶制作"小章法"。它是形成武夷岩茶内在品质的基础。

（3）岩茶制作大章法与小章法的关系。从岩茶制作的大章法与小章法的研究中，我们得知大章法与小章法的关系为纲与目的关系。大章法是纲，小章法为目，大章法统领小章法。可以说，没有岩茶制作的大章法，就没有岩茶制作的小章法。没有岩茶制作的大章法，就生产不出武夷岩茶；没有岩茶制作的小章法，就形不成岩茶的外形特征及内在品质特征，也就构不成优于其他茶类的武夷岩茶。因此，本文研究的岩茶制作章法，是在严格遵循大章法的前提下，深入研究岩茶制作的小章法。

三、形成岩茶内质特征的做青章法

在武夷岩茶十大制作工艺中，形成岩茶内在品质特征的工艺有采摘、萎凋、做青、炒青、初焙5个工艺，其中起主要和关键作用的是做青工艺。因此，本节着重研究做青工艺的章法及其应用。

1.做青工艺元素及其功能作用

武夷岩茶传统做青工艺有3个基本元素，它们是摇青、做手与晾青。三者各有其存在根据、运作方式和功能作用。

（1）摇青，现代做青工艺术语称之为摇动。摇青是做青工艺三要素中的首要元素。它是用竹制的圆筛，将茶青置于筛面上呈筛米状旋转运动。其功能作用最初是通过轻微摇动为做青叶分子活化提供能量，使之变为活化分子。尔后，加大摇青力度，延长摇青时间，给活化分子继续提供能量，从而提高活化分子的浓度，以加快化学反应速度。

（2）做手，现代做青工艺术语称之为碰撞。在传统做青工艺中，做手是用双手将摇动后的青叶收拢合拍几下到几十下，使青叶与青叶的分子发生碰撞，促进活化分子发生化学反应，否则，茶分子的化学反应便不能发生。这样做，不是故弄玄虚，多此一举，而是有科学根据的。简单碰撞理论认为："发生化学反应的必要条件是反应物分子必须发生碰撞，而且是分量超过某一限值的有效碰撞，才能发生化学反应。"

（3）晾青，现代做青工艺术语称之为静置。在传统做青工艺中，晾青是将做青叶静放在晾青架上一定时间，以抑制茶叶内含物分子化学反应速度，缓慢地进行化学反应。之所以这样做，是由茶叶分子化学反应的性质所决定的。"从茶叶的化学反应性质看，茶分子的化学反应是内源酶促反应，无氧生物氧化。"由此决定了茶分子化学反应速率的迟缓性、温和性和循序渐进性。

2.做青工艺元素运作之程序与规则

研究发现，上述做青工艺元素在各自独立工作状态下，作用是分散的、无序的，做的功可能是有用功，也可能是无用功，提供的能量或许过之，或许不足，满足不了茶分子活化与化学反应的内在要求。因此，只有将3个工艺元素按照各自的功能作用组合在一起，形成一个有促进、有控制，促进与控制相结合的工艺元素组合，这样，功能作用的发挥才能恰到好处，既适应茶青内在物质化学反应的条件要求，又促进茶青达到生物转化的最佳状态。这里说的工艺元素组合程序与运作规则：摇青—做手—晾青，实际就是先促进、后控制，有促进、有控制，促进与控制结合的做青程序与规则，亦即做青章法。

3.做青章法的应用

研究认为，做青章法应用于实际，使之产生期望效果，在实践中有几个要素要把握好。

（1）谋篇布局，估计和安排好做青时间。做青前，要根据天气和青叶状况，估计做青的大致时间，做到心中有数。实践表明，做青没有时间保证，便不能收到"发香"与"转味"的效果。资料显示，做青过程一般需要10～12小时。视天气情况，灵活安排。晴好天气，气温高、空气湿度小、水分蒸发快，做青时间可减少2个小时；阴雨天气，气温低、空气湿度大，水分蒸发慢，做青全过程应不少于12个小时，但也不是愈长愈好，否则做青叶会丧失生机与活力，出现"死青"，这就是做青的时间标准。

（2）要根据青叶生物变化情况，分配和掌握好做青时间。研究认为，做青叶的化学反应是阶段性、渐进性的酶促反应。因此，做青时间的分配应遵循茶青生物变化的规律科学安排。手工做青，全程安排10～12小时，分5～7个做青阶段，也称做青次数，每个时段约2个小时。机械做青，全程安排8～10小时，分为6个做青阶段，每阶段1.5个小时，比手工做青每个时段短约半个小时，这是因为，机械做青是在综合做青机微域环境里做青，可以加温和人工吹风蒸发散失水分，故每个阶段做青时间可缩短约半个小时。

上述做青阶段与做青时间的安排，不是凭空设想，随心所欲，而是根据做青叶生物变化实际情况和实践经验科学安排的。做青前期，青叶鲜嫩、水分多，大气温度低，湿度大，故该时段的做青时间安排宜长些，以利行水和蒸发水分。做青后期，茶青水分减少，逐步变成内含物化学反应的溶剂，故该时段的做青时间安排可短些。综合上述因素，全程各阶段的时间安排，加总平均为1.5～2个小时。

（3）要知晓做青元素的功能作用，按章法操作。做青元素的功能作用，本部分第一点已做过论述，它们是做青元素的科学根据。实践证明，不懂得做青元素的功能作用，只能是照葫芦画瓢，不知所以，乱做一气，其结果自然可知；懂得功能作用，就知道怎样运作，效果也自然可以预见。因此，做青元素功能作用的认知，是章法应用的前提，可将做青从盲目仿效转变为按章法操作。

所谓按章法操作，就是依照功能作用的大小，计算好、掌握好摇动、碰撞的力度与时间，然后依照做青元素的先后次序由轻到重，由短到长的规则操作。摇动与碰撞的力度当小则要小，当大则要大；当轻则要轻，当重则要重。晾青的时间当短则要短，当长则要长。这就是按章法操作，不能反其道而行之，当不能摇时反而摇，当轻摇时反重摇，当重摇时反轻摇或不摇，晾青时间当长反短，这就是不按章法操作，乱鼓捣瞎折腾，是做不出好茶的。

要懂得做青叶生物变化的一般规则，依规则办事。实践表明，做青叶的生物变化是有规则的，又是有节律的。以做青叶的叶态变化为例，经过萎凋的做青叶，叶色暗绿，叶态萎凋平伏，经过轻微摇动，叶片会复变舒张状态，叶色由暗绿复变青绿。坊间做青师傅称之为"还阳"，认为是茶神的作用。科学称之为复苏，是蒸腾拉力作用，将水分重新分布使然。再以香气发越状况为例，清香过后必出花香，这是香气发越的规律。不懂得香气变化规律的师傅，则错把清香当花香。其实，这只是低沸点的青草气味，而非花香。这阵气味过后花香才开始发越。

所谓依规则办事，就是依照做青叶生物变化的规则，决定做青方式，当促进要促进，当控制要控制，顺其自然，就能收到期望效果。

反之，当促进时控制，当控制时促进，就乱了章法，效果适得其反。同理，促进和控制有先后顺序，一般规则是先促进后控制，摇动在先，碰撞在后，最后是静置，先后不能颠倒，这是做青规则，亦即做青章法，不能违背。先后颠倒，违反茶青生物变化规律，必定做不出好茶。只有按茶青生物变化规则要求做青，道法自然，方能做出好茶。

四、形成岩茶外形特征的制作章法

从岩茶制作工艺的研究可知，岩茶外形特征的塑造，由炒青、揉捻和烘干3个工艺的协同作用而完成。炒青工艺有两种功能作用，其一是，运用高温钝化酶活性，中止做青叶继续发生酶促反应，以稳定做青阶段形成的内在品质；其二是，通过高温促进叶片中的水分大量蒸发，令茶青叶软化，以便揉捻成条形，从而完成塑形的第一步。揉捻工艺之手工揉捻，是用底盘呈棱状的簸箕，置软化的炒青叶于箕上，趁热用重力揉捻成条状。机械揉捻是将受热软化的炒青叶，置铁制的棱状揉捻盘上，施以重力做顺时针揉捻10余分钟，呈条状后松压卸出交付烘焙，上述两法是塑形的第二步。烘干工艺是将已经揉捻成条形的揉捻叶，用竹制烘笼或烘干机高温快速毛火，迅速蒸发水分，将茶索烘至半干，然后将半干的茶索摊凉一个时辰，再付诸足火，低温慢烘至足干。此时，茶叶条索紧结卷曲，色泽青褐油润，质实量重，茶香显露。岩茶的优美外形最终被塑造出来了。至此，岩茶的外形制作便告完成，这就是形成武夷岩茶外形特征的制作章法。

五、按章法做青的实际效果

现今，武夷岩茶制作名义上是按武夷岩茶传统制作技艺操作，但是，在商品化大生产的条件下，武夷岩茶传统手工制作技艺，基本上被现代机械制作工艺取代。事实上，有实践经验和科学头脑的制茶师傅已经实践摸索到一套制作章法，都在按章法做茶，然而这些制茶章法只是深藏于制茶师傅的头脑中、内心里，至今尚不见有人将它写成专著或学术文章公诸于世，奉献于业界。为此，作者将近年做青章法的研究成果奉献出来，作为做青章法应用效果的注脚。

研究认为，做青章法只是岩茶制作的外部条件。哲学告诉我们，外因是变化的条件，内因是变化的根据，外因要通过内因才能起作用。岩茶品质形成的内在根据是：适量的水分、分子活化的程度、多酚氧化酶的活性、化学物质的浓度、化学反应的速度等。做青元素的秩序安排、运作的规则，均由上述因素决定，这就是做青的基本法则。

据研究，现代做青工艺一般分为6个阶段，总历时为9个小时，每时段平均为1.5小时，且每个时段做青各有侧重点。前一时段做青形成的叶色、叶质、叶相与香气，是下一时段的基础，如此推进至第六时段，鲜爽馥郁的花果香特征形成为止，每个时段都有做青章法应用的期望效果。

第一时段做青，简称为"摇活"。工艺由摇动与静置两元素组成，运行方式是先摇动、后静置。之所以如此安排，是由做青叶水分与茶分子的活化状况决定的。萎凋之后的做青叶，大约失水8%～12%，叶相呈萎蔫状态，叶色暗绿，此时叶内茶多酚等物质的浓度逐渐增大，但分子尚未活化，因此，这个时段做青的主要任务是通过摇动，为茶分子活化提供能量，促进茶分子活化；再通过静置，利用蒸腾拉力令呈萎凋状的叶片从梗脉中汲取水分。至时段终了，萎蔫的叶片从梗脉中汲取到水分，叶色由暗绿复变青绿，叶相呈复苏状态。茶分子因接受了活化能，部分得以活化，开始出现水解反应。故将此时段做青，简称为"摇活"。

第二时段做青，简称为"摇青"。工艺仍由摇动与静置两元素构成。运行方式仍是先摇动、后静置，不施以碰青。所以这样，仍由做青叶水分与茶分子活化状况决定。经历第一时段做青的青叶，叶片恢复苏张复活状态，水分仍较充足，多酚类物质的水解尚不充分，茶分子大部分尚未活化。因此，仍需通过摇动，继续为茶分子活化提供能量，促进茶分子继续活化。在静置过程中，通过蒸腾作用继续蒸发叶片中的水分，促进内含物继续水解。及至时段终了，做青叶再度失水呈萎软状态，叶色由青绿再变暗绿，叶内低沸点的青叶醇（顺-3-己烯醇）等化学物质因水解反应而散发出清新的青草气味。故将此时段做青简称为"摇青"。

第三时段做青，简称为"摇红"。工艺由摇动、碰撞与静置三元素组成，运行方式为先摇动、后碰撞、再静置。所以这样安排，由做青叶水分、活化分子浓度、化学反应速度等状况决定。经历第二阶段做青的青叶，茶分子得到充分活化，基本达到化学反应所需浓度，叶内多酚类等物质全面水解。因此这个时段启动碰撞元素，有利于促进化学反应发生。摇动，是为了继续给活化分子提供能量，以提高活化分子浓度，有利于活化分子化学反应。碰撞，是为了促进活化分子发生化学反应。静置，是为了给已经发生化学反应的多酚类化学物质以充裕时间、充分地进行反应。及至时段终了，低沸点的反-3-己烯醇、反-2-己烯醛等物质发生轻度氧化反应，散发出鲜爽清新的清香气味。做青叶因蒸腾拉动，叶片向梗脉汲水回润，再度出现张挺状态，叶色由青绿色变为绿黄色，叶缘出现朱砂色红点，表明内含物开始发生化学反应，是为该时段做青适度的特征，故将此时段简称为"摇红"。

第四时段做青，简称为"摇香"。工艺元素、运行方式与第三时段相同，所不同的只是摇动力度与碰撞力度比第三时段稍重，这是因为，做青叶经第三时段做青，内含物已开始发生酶促反应，此时段只要稍加大摇动力度，为活化分子浓度的提高提供适当的能量，同时，稍微加重碰撞，中沸点的香叶醇、橙花醇、醋酸香叶酯、醋酸橙花酯等化学物质一系列更复杂的酶促化学反应便开始发生，经过一段时间静置，酶促反应慢慢变得充分起来，散发出清新优雅的鲜花香味，与此同时，叶缘红点联结成红边，叶质由于水分蒸发复变柔软，手感如握绸，叶色由绿黄色变为黄绿色，是为此时段做青适度的特征，故简称为"摇香"。

第五时段做青，简称为"酿香"。工艺元素，运行方式与第四时段相同，只是摇动力度、碰撞程度比第四时段加重。这是因为，做青叶经前4个阶段做青，叶片中的游离水分大部分蒸发，所剩的水分成为化学反应的溶剂，参与茶分子的化学反应。此时段加大摇动与碰撞的力度，有利于促进具有浓郁花香的苯乙醇、芳樟醇、茉莉酮、乙酸苯甲酯、苯丙醇等高沸点芳香物质的生成，通过长时间静置，令上述已生成的芳香物质酝酿、熟化，聚合、缩合成更加华丽、富浓郁花香的，不易随水蒸气挥发的高沸点芳香化合物。及至时段末了，除做青叶散发出浓郁花香外，还可见到叶缘红边扩大，叶片翻卷呈龟背状凸起的叶相，叶质再变硬挺，握之有扎手感，叶色由黄绿色变为淡黄色显蜡光。此为第五时段做青适度的标志，故将该时段做青特点简称为"酿香"。

第六时段做青，简称为"定香"。工艺元素、运行方式与第五时段相同，只是摇动力度与碰撞程度比第五时段更为加重。这是因为，做青叶经5个时段做青，叶片中游离水分已基本蒸发散失，残存的水分继续参与化学反应。此时段再次加大摇动力度与碰撞程度，有利于促进具有果味香的物质苯甲醇、香叶醛、苯甲醛、水杨酸甲酯、醋酸苯乙酯、醋酸芳樟酯等高沸点芳香物质的生成，再通过长时间静置，令上述已生成的芳香化合物熟化，聚合、缩合成具有鲜爽、浓郁果味香气，高沸点、耐加热的芳香化合物。及至时段终了，做青叶除散发出浓醇馥郁的果香外，叶缘红边进一步加深，扩展至全叶的1/3左右，叶片背卷呈汤匙状，叶色由淡黄色转黄色显蜡光，叶质变粗糙，握之生涩如握锯糠。此等特征的出现，是为做青适度的标志，应及时交付炒青，中止酶促反应。故将此种做法谓之"定香"。

武夷岩茶品质特征与制作境界之研究

内容提要：本文主要研究武夷岩茶品质特征与制作境界之关系。作者研究认为，武夷岩茶不同品质特征的形成与不同的制作境界有直接关系、不同的制作境界形成不同的品质特征。作者将制作境界归纳为4种类型：起步境界、入门境界、登堂境界、升华境界。每种境界反映和体现各自的工艺水平。

关键词：武夷岩茶，品质特征，制作境界，做青章法，炖火工艺

武夷岩茶虽说在六大基本茶类中属品质最好、制作技术最精湛的茶类，然而，在品质特征和制作水平上，武夷岩茶也分三六九等，表现出不同的品质，反映不同的制作境界。

本文试从武夷岩茶各种品质特征分析入手，剖析形成各种品质特征的制作工艺及制作者的工艺境界。

一、起步境界

1.起步境界的岩茶特征

起步境界的武夷岩茶，条形卷曲，条索或紧结或粗松，叶色或暗绿或泛红，外观形态上基本具备武夷岩茶的外形特征。但是，内在品质上，青气浓重，缺乏岩茶应有的花果香气；茶水滋味要么淡而无味，要么青涩浓苦；茶水的色泽要么清如白水，要么暗绿浑浊。此等现象为有外形而无内质，简称"有形无质"，是为不入等之岩茶。充其量只能称其为起步特征的武夷岩茶。

2.起步境界的制作者

产生"有形无质"的原因，研究认为主要在于制作者多为新手所致。由于武夷山为福建著名茶区，茶叶初制厂2 000余家，且岩茶生产仍有扩展之势，熟练的制茶师傅供不应求，于是未经技术培训，或未经拜师学艺的新手凭借其对茶叶制作的肤浅了解和胆子大而充当起制茶师傅。

这些新手对武夷岩茶制作技艺的了解，有的仅在茶季受雇于大茶厂做粗工，打下手，看过师傅做茶，了解一点制茶工序，便觉得自己也可以做茶当师傅，于是，心雄气壮，毛遂自荐，果然当起制茶师傅。其实，他们根本不懂制茶工艺，只是在打工时看到制茶师傅一会儿摇动，一会儿静放，一会儿鼓热风，一会儿吹冷风，也照葫芦画瓢如此这般，将茶青反复折腾几个小时后交付炒青，炒青时也是将打工时看到的依样将茶青在炒青锅滚动一番，接着付诸揉捻和烘干。几经折腾，张挺的茶青叶果然变成了条形卷曲，色泽青褐的干毛茶。茶叶的外形虽然做出来了，但泡出的茶汤色泽晦暗浑浊，感觉不到岩茶特有的清芬，能感觉到的只是臭青味、苦涩麻，根本没有武夷岩茶色亮、清芬、味醇的内质特征。可见，不经技术培训，不经拜师学艺，仅凭一两个茶季打工做粗话时的表面观察与盲目仿效，不懂得形成内质特征的制茶工艺，特别是萎凋、做青工艺，胡乱鼓捣一气，是不可能做出具有岩茶内质特征的茶叶的。

新手们能够将武夷岩茶的外形特征做出来。其实，这并非新手无师自通所致，而是得益于茶青生物特质的转变和体现了一定技术含量的现成设备的帮助。首先，塑造茶叶外形的工艺有杀青、揉捻和烘干，上述工艺都有现成的体现了一定技术含量的杀青锅、揉捻机和烘干机，这些机械都有操作规程，照规程操作即可取得塑造外形的效果。其次，大凡茶叶鲜叶经加热都会变得柔软，而产生可塑性。武夷岩茶的外形塑造是用炒青锅将茶青加热后，再用揉捻机做顺时针揉捻，接着，将揉捻后未定型的条状湿坯置烘干机内高温快速烘焙、干燥定型为条索卷曲，色泽青褐，具有武夷岩茶外形特征的条形茶。可见，起步境界岩茶外形特征的形成，是炒青、揉捻、干燥机械协同作用的结果，并非新手无师自通所致。

由上可知，新手可以制出武夷岩茶的外形，但却形不成武夷岩茶的内质，说明他们并未掌握形成武夷岩茶内质特征的关键技术——萎凋与做青工艺。他们的双脚还没有完全跨入武夷岩茶制作技艺的门槛，一只脚进入门槛里，一只脚还在门槛外，因此，他们的茶叶制作技能充其量只是处于起步境界。

二、入门境界

1.入门境界的岩茶特征

入门境界的武夷岩茶，条形紧结卷曲，叶色青褐，微露清香，茶水淡黄清亮，滋味清新爽口，基本体现武夷岩茶外形、内质特征。但是，上述品质的形成，常常受天气影响，由天气左右。晴好天气，制得的岩茶香气显露，滋味甘爽，水色明亮。阴雨天气，则"色香顿减淡无味"。

2.入门境界的制茶师傅

诚然，能够做出武夷岩茶基本特征的茶叶制作者，基本可以称之为制茶师傅。他们的岩茶制作技艺，大多属于师承传授，即拜师学艺、依靠业师口口相传而得，但囿于业师大多来自外地，他们为自保饭碗，在授业时大都留了一手，因此徒弟们很难得到岩茶制作技艺的真经，做出来的岩茶没有师傅之特色，只是具备岩茶基本特征而已。即便如此，这些没有得到真传的制茶师傅，只能在天气好的时候制出具备岩茶基本特征的茶叶，天气不好的时候则制不出符合武夷岩茶基本特征的茶叶。这种受限于天气的制茶技艺，不能不说是制作工艺上的一种缺失。研究认为，这种缺失同武夷岩茶传统制作技艺的传承方式有关。

业界同仁都知道，武夷岩茶传统制作技艺被列为非物质文化遗产，是因为这一制作技艺的传承属于口口相传，没有确切的文字记载。正由于此，阴雨天气制茶可能因为大气温度与湿度变化大，制作工艺特殊，口口相传词不达意，抑或走失故调，从而导致应对阴雨天气的工艺缺失。因此，制出来的茶形不成晴好天气的品质特征。另一方面，根本原因在于这些制茶师傅对形成内在品质特征的关键工艺——萎调与做青的工艺理论没有掌握，章法没有学到手有关系。萎凋、做青作为事关茶叶内在品质形成的关键工艺，是有章法，讲规律的。不懂章法，不按规律做青，只能是胡乱捣鼓和瞎折腾，这样是形不成岩茶的内在品质特征的。要想在阴雨天也能制出具有岩茶特征的茶叶，研究认为，首先要懂得章法，按章法操作，其次，要懂得茶叶生物变化规律，依规律做事。

所谓按章法操作，即按岩茶制作先人创造的并经历史和实践检验，至今仍发挥作用的国家级非物质文化遗产——武夷岩茶传统制作技艺的工艺要求操作。武夷岩茶传统制作技艺如同茶叶制作工艺的大法，工艺环节是大法中的一章，每章又有若干小节。比如做青工艺是章，该工艺中的摇青（摇动）、做手（碰青）、晾青（静置）便是节。前后顺序不能颠倒出错。要按顺序、有节奏地操作，当揉则要揉，当晾就要晾，当做手就要做手，做到有条不紊，摇几分钟，晾多少时间都有定数，这就是做青的章法。

所谓依规律做事，即依据茶青生物特性和转化规律操作加工，不能违背茶青生物转化规律乱操作。当摇则摇，不当摇则不能乱摇；当加热时则要加热，不当加热时则不能乱加热。否则，做青叶的生物转化规律便被打乱，作用适得其反。比如，萎凋阶段，茶青刚刚离开树体，水分充足，芽鲜叶嫩，梗子易折。此时，只能轻微摇动，不宜用力重摇和经常翻动。如此操作，则可在一定时间内达到叶质柔软，顶二叶下垂，内含物适度水解，散发出微微萎凋香的效果。这就是依规律做事所收到的效果。若反其道而行之，则适得其反。茶青嫩梗因重摇和乱翻而折断，不能正常走水，不能正常发挥水解作用，不能正常散发出萎凋香，不仅达不到萎凋的应有效果，进而还影响下一步做青，出现做青青不来的现象，这就是不依规律做事的结果。

由上可见，按章法操作，依规律做事，对于茶叶制作非常重要，坚持这样做，不仅晴好天气可以出好茶，即使阴雨天气也能够做出好茶。从而摆脱"受制于天气"的制茶困境。

实践表明，只能在晴好天气制出好茶的制茶师傅，说明他们的制茶工艺技术是有缺陷的，他们所掌握的制茶技能是片面的。他们没有或没有完全掌握茶叶制作的章法，不懂得茶青生物特性和转化规律，不懂得依茶叶转化规律做事，所以，这些制茶师傅的制茶技能只是处于入门境界。

三、登堂境界

1.登堂境界的岩茶特征

登堂境界的武夷岩茶，外形优美，条索卷曲，整齐匀称，色泽乌润。内质色香味俱佳，花果香高而持久，品种香显；水色橙黄明亮、清澈艳丽；滋味浓厚鲜醇、清新爽口，气味芬芳；叶底绿叶红边，清澈软亮。但也存在美中不足，生青味重，留香时间短不耐久藏。

2.登堂境界的制茶师傅

登堂境界岩茶品质特征客观反映了制作者的技艺水平。在武夷山，不论晴好天气或者阴雨天气都能制出外形、内质比较好的岩茶，表明制作者的制茶技术比入门境界的制茶师傅技高一筹。细察阴雨天气也能出好茶的师傅制茶，虽然各师各法，各有特点，但也有共同特点，主要是：

（1）中规中矩，严格按章法操作，依规律做茶。他们将做青工艺划分为若干时段，有的划分为5个时段，有的划分为7个时段，最长划分为10个时段，并把摇动、碰青、静置工艺元素分置于每个时段，每个时段的运行时间遵循由短到长，摇青的力度遵循由轻到重的规律，有节奏、按章法操作，一个时段一个时段循序推进。由此，使各个时段茶青的叶色、叶质、叶相依次发生变化。叶色由暗绿—青绿—黄绿—绿黄—淡黄；叶相由平伏—复活—张挺—龟背状—汤匙状；叶质由柔软—硬挺—扎手—滑爽—涩手。茶青香气也逐次发生变化，由萎凋香—青草气—清香—清花香—浓花香—水果香。

（2）恪守章法，但又不拘泥于章法。观察发现，这些制茶师傅制茶讲究章法，恪守章法，但又不拘泥于章法。做到因天气做茶，因茶青做茶，天变法变，青变法变，从而保证在阴雨天气也能制出好茶。阴雨天气，茶青叶面水多，空气湿度大，不利于散失水分，于是，他们在萎凋阶段采用加温与吹风相结合的方式，增加温度，加强吹风，促进叶面水快速蒸发散失，适于下一阶段做青。鉴于阴雨天气叶面水分大量增加，叶内水分也比晴好天气相应增多的实际情况，据陈橼研究，"雨后叶表面水分平均增加10%，最少增加2%，最高增加15%，有时个别可达到18%，表面水分高的鲜叶含水分也较高，最高达79%。"因此，他们在做青前期增加安排一个脱水时段，脱去青叶内多余水分，使之达到晴好天气的水平，此后仍依章法、按规律操作，这就是所谓"看天做青"。

所谓"看青做青"，实际就是看青叶的叶片厚薄与叶色浓淡，对摇青的时间和力度做加减处理。薄叶型、叶色淡的青叶减少摇青时间和减轻摇青力度；厚叶型、叶色浓的青叶则增加摇青时间和加大摇青力度，做青的章法和规律基本不变。这种不脱离章法，又灵活变通的做青方式，收到的效果与晴好天气是一样的，这是登堂境界做青师傅的精明所在。

（3）既崇尚传统经验也注重现代技术。观察还发现，这些制茶师傅非常重视传统经验，崇尚传统经验，同时也注重现代技术，并能将现代技术融于传统技艺。在做青过程中，他们将做青三要素之摇青（摇动）、做手（碰撞）、晾青（静置）统一置于一台综合做青机内，定时、有节奏地摇动、静置和碰撞，促进茶青多酚类物质分解、氧化、聚合、缩合成气味芬芳、滋味鲜爽的化合物，不仅大大提高了初制茶的品质，还大大提高了岩茶制作的生产效率，将武夷岩茶传统做青技艺发展为传统技艺与现代技术相结合的新工艺。

此外，值得一提的还有，这些制茶师傅在制茶时表现得格外认真和专注，每个工艺的操作均能做到一丝不苟。他们知道，如果其中某一环节操作失误或操作不到位，都会影响下一环节乃至整个做青过程茶青生化变化不到位，做出的茶达不到品质要求。正是由于他们制茶时的认真、专注和一丝不苟，才能保证每个阶段茶青的生化变化适时到位，制出的岩茶外形、内质都达到特征标准。

然而，这些不论天气好坏都能做出好茶的师傅们，所制出的岩茶也不很完美，存在两个通病：生青味重和保香期短。表明他们的做青工艺也存在瑕疵，仍留有很大的改进空间。因此，他们的制茶水平，只能定位于登堂境界。

四、升华境界

1.升华境界的岩茶特征

升华境界的武夷岩茶，外形整齐匀称，条索紧结壮实，色泽乌黑油润，香气高长持久、现花果香；水色金黄明亮，叶底清澈艳丽、绿叶红镶边、三红七绿；滋味醇厚、爽口、润活、蕴含馨香，回甘韵显，没有苦感、涩感及其他不良味感，且保香期长，久藏不减香、不改色、不变味。这种外形优美，耐久藏，香、清、甘、活兼备的品质特征，由炖火工艺升华形成，是岩茶品质的最高境界。

2.升华境界的制茶师傅

升华境界的岩茶外形内质优于登堂境界的岩茶，表明茶叶制作者的工艺水平达到更高境界。

在武夷山，这些具有更高境界的制茶师傅，堪称大师级茶叶制作专家，他们不仅工于武夷岩茶初制工艺——萎凋、做青与炒、揉、焙工艺，将鲜活的岩茶青叶转化成外形内质俱优、具有清爽花果香的武夷岩茶初制茶。还精于武夷岩茶炖火工艺，将带生青味的初制茶熟化、升华为香高味醇、回甘韵显、味香双绝，可供欣赏和品味的武夷岩茶精制茶。

细研这些专家、大师，他们制作毛茶的工艺技术，不仅萎凋、做青技艺高超，在炒、揉、焙技术上也艺高一筹。因此，制作出来的毛茶品质大大超过登堂境界的品质特征。在精制炖火方面，这些大师级的制茶师傅工艺技术更是出神入化。他们把"低温久烘、文火慢炖、闷盖炖火"传统工艺发挥到极致，他们运用精致的炖火工艺，对毛茶进行"提香、转味、增色和浓味"，把品具生青味，不耐久藏的毛茶升华为外形优美、色香味俱佳，且久藏不失香、不改色、不变味，外形内质兼优的精制成品茶。对此，作者在一篇关于焙火工艺的学术论文中有过记述，他们分别用轻火、中火和重火，将蕴含毛茶内待发花香激发出来，变为清爽甜醇的清花香，将已经显现的清花香转化为芳芬馥郁的浓花香，将悦鼻的火香升华为浓醇馥郁的焦糖香。分别用短时、中时和长时炖火，将臭青味转化为清香味，将青涩味转化为鲜爽甘活滋味，将苦味转化为甘甜味。他们将某一温度和某一时长相配合实施炖火，改变茶叶的叶色和茶水的水色。从而收到提香、转味、增色的奇妙效果，他们的科学实验还使炖火起浓味的作用，令淡如白水的普通茶水变成绸缪适口，润活生香的高级茶饮料。

总之，这些茶叶制作专家大师们的制茶技术已经到了炉火纯青、出神入化的境界，达到当今最高水平。

静置，武夷岩茶品质形成的基本工艺

静置贯穿武夷岩茶制作全过程，是最简单又最不能或缺的制作工艺，这个工艺简单到不需要任何操作，只需将在制茶静放在常温下一定时间即可。静置在武夷山茶界俗称"摊凉"，制茶师傅都知道制作岩茶要有这个步骤，但不知道这也是一种工艺，一种形成和提高岩茶品质的基本工艺。

经研究，静置在岩茶不同制作阶段发挥不同的作用，对武夷岩茶特有品质的形成有着重要意义。

1.在做青阶段，静置发挥的作用是生发香气，形成岩茶基本品质

在做青阶段，静置与摇动同是做青工艺的工艺元素。摇动与静置一前一后组成一个个做青轮次，每轮次的摇动都为茶青化学反应提供一定的能量。摇动之后的静置，是将经摇动的茶青静放在常温下缓慢地进行化学反应，从而生发出不同的香气化合物。研究发现，做青过程中，上下轮次静置产生的香气化合物有一定关联性，上一轮次静置产生的化合物构成下一轮次化学反应的底物，每一轮次静置产生的香气化合物有自己的香气特征。最先出现的香气为清香，其次为清花香，再次为浓花香，再为鲜果香，再为熟果香。据王泽农对香气成分分析：清香为顺-3-己烯醇，反-2-己烯醛化合物，清花香为香叶醇、橙花醇、香茅醇等化合物，浓花香为芳樟醇、肉桂醛、茉莉酮、醋酸苯甲酯等化合物，鲜果香为醋酸苯乙酯、醋酸芳樟酯、醋酸香草酯等化合物，熟果香为苯乙酸甲酯、水杨酸甲酯等化合物。由上可见，做青阶段静置发挥的作用主要是生发香气化合物，形成岩茶基本品质。

2. 在干燥阶段，静置作用是渗沥水分，巩固已经形成的岩茶基本品质

在干燥阶段，干燥的目的是将揉捻形成的茶坯，通过烘焙与静置，祛除其中的水分，使之变成内干外燥、条索紧结的半成品岩茶。研究发现，首次烘焙后茶坯表面水分基本蒸发，但由于叶面脱水过快，梗脉出水通道受阻，导致梗脉中的水分滞留内里，从而出现外干内湿的状况，这种状况若不采取合适措施解决，岩茶有机物质势必继续氧化发酵，令做青阶段形成的基本品质受到破坏。生产实践发现，外干内湿的茶坯，采用连续烘焙的方法，干燥效果并不明显，将这种茶坯在常温下静置2～3个小时，再行二次烘焙，干燥效果比不经静置连续烘焙要好，外干内湿状况可得到彻底改变。这是什么道理？研究认为，这是干燥拉动和静置共同作用的结果。梗脉中的水分，由于干燥拉动，缓慢地渗沥入已经干燥的叶面，然而，这种润物细无声的渗沥是需要时间的，静置正好为梗脉中水分缓慢地渗沥入干燥的叶面提供了时间，使得干燥的叶面获得水分恢复湿润，此时进行二次烘焙，渗沥到叶面的水分得以继续蒸发，外干内湿的茶坯遂转变为内干外燥、条形紧结的半成品毛茶，不仅巩固了做青形成的基本品质，还塑造了岩茶特有外形。

研究还发现，干燥阶段的静置，不仅能够渗沥梗脉中的水分，还可转化混合在梗脉水分中的苦涩味道，使半成品毛茶变得清醇适口，起到改善毛茶品质的作用。

3. 在精制阶段，静置的作用是醇化滋味，提升成品岩茶品质

精制阶段，炖火与静置同是提高岩茶品质的重要工艺。炖火实为烘焙，是用不同的热能作用于成品岩茶，其作用有二：一是强化成品岩茶有机物质化学反应，转化为成品岩茶中的青气杂味，使之变得纯净爽口；二是为成品岩茶的醇化反应积累了能量。

与炖火作用不一样，静置是满足成品岩茶有机物质醇化反应时间要求的一种工艺。精制阶段的静置是将经炖火的成品岩茶，静放在常温下缓慢地进行醇化反应，将成品岩茶有机物质醇化为甘醇、润活、爽口的高品质化合物。研究发现，成品岩茶炖火以后静置2个月，醇化出的有机化合物滋味比炖火时更香馨、细腻、清醇、润活，这是因为岩茶有机化合物在常温条件下进行的醇化反应，与炖火时高温条件下急剧反应的时间要求不一样。生产实践表明，成品岩茶有机化合物醇化到位的时间需要1 500个小时（2个月），在这个时间段醇化出的岩茶有机化合物的滋味比炖火时急剧反应形成的化合物显得醇美、细腻、润活，从而使成品岩茶的品质得以明显提升。

　　剖析静置的作用可以发现，静置对于岩茶品质的形成与提升有十分重要的意义。静置在岩茶生产中既是一个生产过程，也是一种不可或缺的制作工艺，一种形成岩茶特有品质的基本工艺。

CHAPTER3 | 第三篇
武夷岩茶现代做青技术

第三節

武夷岩茶现代做青技术研究

内容提要：20世纪90年代开始，武夷岩茶制作方式经历了从传统手工制作向现代机械制作的转变。但是，迄今为止，武夷岩茶做青工艺，仍沿袭传统手工技艺，不够科学。为此，本文认真探讨了武夷岩茶加工对象茶鲜叶的理化状况，影响和促进茶鲜叶化学成分转化的基本方式：化学方式与物理方式，研究发现并经实践证明，这两种方式的有机组合和协调运作，可收到茶鲜叶化学成分转化之期望效果。从理论与实践的结合上找到了一条实现武夷岩茶做青工艺科学化的路径，使之由传统手工技艺转变为现代做青技术。

关键词：武夷岩茶，现代做青技术，化学方式，物理方式，组合运作

导　　言

　　武夷岩茶现代做青技术的作用对象是茶鲜叶，与其他品类加工技术作用对象不一样的是茶鲜叶是鲜活的植物体，有独特的物理结构与化学成分。因此，在研究做青技术之前，要先行研究茶鲜叶的理化状况，弄清其特质，现代做青技术的研究方能有的放矢。

一、茶鲜叶的理化状况

　　茶树嫩梢及新鲜叶片通称为鲜叶，俗称茶青，是茶叶加工的原料，加工后的成品方为茶叶。

　　茶树鲜叶同一般木本植物一样，有独特的物理结构与化学成分。茶叶鲜叶由叶柄、叶脉、上表皮与下表皮、叶肉组织等结构而成。上下表皮之间的叶肉组织由细胞、质膜与水组成。上下表皮、细胞、质膜、水以及细胞内蕴含的原生质体、叶绿体、线粒体、液泡、酶等化学物质，都是茶鲜叶的主要化学成分。

　　水，是鲜叶中含量最高的一种成分，占鲜叶总重量的75% ~ 78%。鲜叶中的水有结合水与游离水之分。结合水，是与鲜叶内物质胶粒紧密结合的水体，不能自由流动，也不能溶解其他物质，并且不易蒸发，茶叶加工成成品后残存5%的水分，基本上是这种水。游离水是可以自由流动的水，占鲜叶的绝大部分，叶内一些可溶性化学成分均溶解在这种水里。在制茶过程中，游离水逐步蒸发散失，形成具有一定浓度的溶剂，以利内含化学物质发生化学反应。

细胞，是叶肉组织的主要组成部分。据陶汉之研究，细胞内有细胞壁、原生质体、细胞核、叶绿体、线粒体、液泡等化学物质，且每种物质又都包含有若干化学成分。尤其是液泡内的化学成分特别丰富，除水之外，还含有溶解的糖类、有机酸、无机盐、花青素、茶多酚、咖啡碱及多种酶类。这些都是关系武夷岩茶品质的化学物质。

质膜，叶片内所有生物膜的结构成分。质膜、核膜、液泡膜、细胞质内部的网膜、叶绿体膜、线粒体膜等，它们主要是由甘油、脂肪酸、磷酸、含氮碱性物质组成。

酶，本身是蛋白质，一种特殊的生物催化剂。1966 年由日本学者竹尾忠一实验证实，酶主要聚集在细胞内线粒体的膜状结构中，极少量存在于叶绿体的层状结构里。鲜叶离体后加工前，酶以酶原的形式聚集在上述结构里。酶原不经过激活，没有活力，是一种无活性的蛋白质，只有经过激活，才能转化成有活性的酶等。

上、下表皮，由角质层和蜡质层结构而成。角质层居内，蜡质层在外。角质层是由细胞栅栏组织和海绵组织结合而成的，蜡质层是由高碳脂肪酸和高碳一元脂肪醇形成的酯，也是一种化学成分。

叶柄和叶脉，也是鲜叶不可或缺的组织结构。叶柄连接叶脉，共同构成运送水分和水溶性物质的管道。叶脉分主脉与支脉，支脉密布叶片，功能是输送水分和水溶性物质，以支撑叶片和利于叶片内含化学物质发生化学反应。

上述鲜叶的结构形态与内含化学成分，既是茶树区别于一般木本植物的特质，也是茶叶原料化学反应的内在根据。

二、影响和促进茶鲜叶化学成分转化的技术方式

茶叶加工制作，从本质上说就是将茶鲜叶加工转化为固体、有一定形状、可溶于水的茶饮料。加工制作技术起的是影响和促进茶鲜叶化学成分转化的作用。实现转化的技术方式多种多样，但是据研究，武夷岩茶化学成分转化的基本方式有两种：一种是化学方式，一种是物理方式。

（一）促进茶鲜叶化学成分转化的化学方式

所谓促进茶鲜叶转化的化学方式，就是利用茶鲜叶内部水与细胞内化学成分的矛盾作用，促进它们进行化学反应。主要方式有水解、酶促水解、酶促氧化。

1.水解

按百度百科释义："水解是指水与另一化合物反应，该化合物分解为两部分，水中氢原子加到其中的一部分，而羟基加到另一部分，因而得到两种或两种以上新的化合物的反应过程。""酯、多糖、蛋白质等与水作用生成较简单的物质也是水解。"总之，水解是利用水参与化学反应将物质分解成新的物质的过程。

根据上述定义考察做青过程，做青就是利用茶青水分丰富这一特性，促进水与其他化学物质发生水解反应，从而形成新的化学物质的过程，而这一过程又主要集中在茶鲜叶萎凋阶段。此时段，水游离于细胞间各种膜的外部，与细胞内含化合物互不接触，发生不了我们需

要的化学反应。因此，萎凋的任务就是将茶鲜叶摊晒于日光下或装置于做青机内加温，利用较高的温度蒸发去叶片中多余的水分，促进水与细胞内含化学物质发生接触，进行水解反应。

研究发现，萎凋前期即茶鲜叶离体后的一两个小时内，鲜叶水分高达75%～78%，其中游离水居绝大多数，鲜叶的形状主要由水支撑。此时，通过加热将水分蒸发去一部分，叶片因失水而呈萎蔫状态，但是水依然充足，仍在细胞膜外游动，与细胞内的化学物质互不接触，不能发生水解反应。

萎凋中期，即茶鲜叶离体后的3个小时内，由于连续加热，叶片内的水分继续蒸发减少，细胞膜内的水溶性化合物由于透性作用，与水发生融合，开始产生水解反应。

萎凋后期，即鲜叶离体后的第四个小时内，由于继续加温的作用，叶内的游离水继续蒸发减损，反应物的浓度继续增大，细胞膜透性增强，水与细胞内含化合物进一步融合，内含化合物的浓度愈来愈高，水解反应全面发生。此时的鲜叶呈萎蔫倒伏状态，叶内大分子物质大部分趋于水解，茶香前体物因水解产物的生成而形成，散发出阵阵清新的萎凋香。

由上可见，萎凋阶段的技术措施并不复杂，只要掌握运用好温度，利用温度蒸发叶片水分，使之达到一定浓度，与叶片细胞内含物质融合，促进发生水解反应，从而形成茶叶香气前体物。研究认为，萎凋温度以45摄氏度左右，外加温度高于叶温，叶片含水率由78%降至72%为适度。

2.酶促水解，酶促氧化

通过萎凋，茶鲜叶内的内含化学物质与水融合，发生了水解反应，大分子化学物质分解为小分子化合物，聚合为挥发性香气前体物。但是，挥发性香气前体物要转化为芬芳馥郁的茶香，还需要通过酶促反应，利用酶活性进行酶促水解和酶促氧化。

酶促反应较之水解反应是更为复杂的化学反应，其复杂性主要由3个方面因素所决定：一是反应物的分子必须是活化分子，而要得到活化分子，必须借助能量，而且这个能量是超过一定限值的能量，简称活化能；二是酶原必须激活，成为有活性的酶系，要将没有活性的酶原激活为活性酶，必须外加一定温度，通过温度激活酶原，增强酶活性；三是活化分子发生化学反应还必须通过碰撞，而且是超过一定限值的有效碰撞，才能发生化学反应。研究认为，酶促反应是阶段性的，先是酶促水解，继而酶促氧化。

所谓酶促水解，就是在酶的作用下，将鲜叶中的大分子物质分解或降解为小分子化合物。在水解过程中，大分子的化学物质溶解于水中，在水解酶的催化作用下，分解为小分子化学反应基本单元，这些基元通过碰撞，有的能够在一次化学行为中完成化学反应，形成新的化学物质，比如氨基酸的形成，就是蛋白质一次完成的水解反应产物。

所谓酶促氧化，就是在酶的作用下，小分子的基元，连续发生化学反应，前一个反应的产物构成后一个反应的底物，如此类推至最终产物形成，这是一个复杂的反应过程。之所以要运用酶促反应是因为茶叶中化学物质发生化学反应需要相当高的能量，这个高水平的能量，在物理化学上称之为活化能。酶促反应的特殊作用在于可以降低茶分子化学反应的能量，将活化能降低，使之能够在较低的能量限值内照常发生化学反应。如前所述，茶叶发酵所需的最低能量是活化能，而获得这个最低能量，需要将温度升高至达到这个能量所需的温度。事实上，在制茶中这是不可能做到的，因为温度愈高鲜叶中的水分蒸发愈快，茶分子会因为水分亏缺而不能发生化学反应，因此，必须另辟蹊径，降低茶分子的活化能，使之在常温下发生化学反应。武夷山茶叶科研人员在长期的科研实践中找到一种降低活化能的酶促反应方法，使茶鲜叶内含化学物质得到适度催化，氧化成醇类、醛类、酸类、酮类、酯类等化合物。

实践表明，酶促氧化有个阶段性的循序渐进过程，前一个阶段的氧化产物构成下一个阶段的氧化底物，且这一变化与各阶段的水溶液浓度有关系。

第一个阶段，茶鲜叶经萎凋蒸发约5%的水分，但是此时茶鲜叶的水分依然充足，叶片中水溶性化学成分为水稀释，浓度稀薄，在酶促水解作用下，大分子的蛋白质水解成顺-3-己烯醇（即青叶醇）散发出浓烈青臭气味。

第二阶段，水分继续蒸发，水溶液浓度变高，叶片中水溶性化学成分部分溶解于有一定浓度的水中，形成化学反应的溶液，在酶促作用下，顺-3-己烯醇异构为反-3-己烯醇散发出清新怡人清香气味。

第三阶段，水分进一步蒸发，水溶液浓度增大，与叶片中化学成分融合，形成化学反应的溶剂，在酶促作用下，氧化为醇类为主，酯类、酸类等具有鲜花样香味的化合物。

第四阶段，水分大量蒸发，水溶液浓度继续增大，与叶片中的化学成分融为一体，成为化学反应的溶质，在酶促作用下，氧化成为以醛类为主，醇类、酮类、内酯、酯类化合物复合成的具有玉兰花香、栀子花香、茉莉花香、桂花香样浓醇馥郁的化合物。

第五阶段，叶片中的游离水蒸发所剩无几，细胞液泡中的水与内含化学成分在酶促作用下，氧化成为以酯为主，醇类、醛类化学产物相复合的清醇甜爽具有梨子、杏子、橘子、柠檬、香蕉、水蜜桃等果味香的最终化学产物。

（二）促进茶鲜叶化学转化的物理方式

所谓促进茶鲜叶转化的物理方式，就是利用加温、摇动、碰撞、静置等物理因素，对鲜叶内部的水、酶、分子等物质提供热量和能量支持，用物理方式促进它们进行化学反应。

1.用加热的方式蒸发水分，增大水中内含物的浓度

研究认为，反应物水溶液的浓度有个浓缩过程，整个过程都伴随着水分的蒸发、减损，由原先的稀薄溶液逐步变浓，浓缩成适于化学反应的浓度，于是我们期望的化学反应发生了，逐渐形成做青期望出现的香高味醇、色亮形美的化合产物。为达到此目的，用加热的方式提高叶温，蒸发水分，逐步减少鲜叶中富余的水分，便是增大水中化学成分浓度的最好的物理方式。

2.用加温的方式提供热量，激活酶原，增强酶活性

武夷岩茶化学转化的基本方式是酶促反应。酶，作为化学反应的一种生物催化剂，初始为酶原，不经激活，没有活性，只有经过激活（激活的方式是加温），才能转化成有活性的酶。但是，活性酶要真正发挥催化作用，还得继续增加热量，使之变得更有活力，而加温则是增加热量的唯一方式。

3.用摇动方式提供能量，活化分子，加大活化分子浓度

分子，《化学辞典》释义："是物质中独立地、相对稳定地存在并保持其组成和特性的最小微粒，是参与化学反应的基本单元。"研究认为，茶叶也一样由分子组成，茶分子也是化学反应的基本单元。《化学辞典》还告诉我们："分子间的相互作用即化学反应。"

分子同酶一样也需要激活，才能转变为活化分子，分子活化和分子间相互作用都需要能量，而且提供的能量还要超过一定限值。为活化分子提供能量的主要方式是摇动或滚动，理论和实践均告诉我们，这是分子活化，提高活化分子浓度，活化分子间发生化学反应提供能量的最便捷、最简单、最有效的方式。

4.用碰撞的方式促进活化分子发生化学反应

简单碰撞理论认为，分子发生化学反应的必要条件是必须发生碰撞，而且是分量超过某一限值的有效碰撞，才能发生化学反应。因此，碰撞在现代做青工艺中的作用显得十分重要。碰撞的工具在传统手工技艺中是用双手将做青叶捞起，合掌重拍十几下到几十下，现代机械制作工艺则采用摇青机反转重摇十几转到几十转，以起到促进茶分子发生化学反应的作用。

5.用静置方式促进茶鲜叶内含化学物质在静态条件下缓慢而充分地进行化学反应

静置表面上看来是让做青叶在做青筛或做青机内静放不动，但是在做青过程中却是十分重要的工序，与摇动形成一静一动的对应关系，

整个做青过程就是在动与静的状态中进行化学反应的。制茶过程中的化学反应是有机反应，有机物之间的反应相对比较缓慢，需要一定的时间才能完成。因此，静置实质上起到保证反应时间，使反应充分进行的不可或缺的作用。静置表面上看似静止不动，实际上在鲜叶内部由于前段加温、摇动、碰撞等物理因素的作用，内含化学物质在不断地甚至剧烈地进行着化学反应，静置时间越长，化学反应则越充分。静置中的鲜叶发热现象则是化学反应的标志性表现。

实践告诉我们，上述物理方式在独立的状态下运作，虽然可以发生一定作用，但是，这种作用是分散的、有限的，只有有机组合起来依序运作才能发挥出应有的作用。

三、物理方式与化学方式的组合运作

研究认为，组合运作其实就是用物理方式促进与控制茶鲜叶内含化学物质转化，组合运作得好就促进得好，控制得好，茶鲜叶内含物也就转化得好。

从物理方式功能作用的研究和做青的生产实践中，作者发现，整个做青过程大致可划分为三个阶段、八个时期。三个阶段即萎凋阶段、做青前段和做青后段。八个时期即萎凋阶段的初、中、后三期，做青前段之上半期与下半期，做青后段之前、中、后三期。上述三个阶段、八个时期各有各的组合运作方式，各起各的促进与控制作用。

第一组合的运作方式适用于萎凋阶段。此阶段萎凋的目的主要是蒸发减少鲜叶内富余的水分，促进大分子物质发生水解，从而形成和积累起大量香气前体物。其运作方式是加温与吹风同步，边加温边吹风。加温，温度控制于45摄氏度以内。萎凋初期，加温是为提高叶温，蒸发水分。吹风，是为加速空气流动，带走水分。此时，鲜叶水分减少最多，即含水率由75%～78%减至70%～73%。

萎凋中期，加温和吹风的目的与初期相同，促进鲜叶水分继续减少，含水率减至67%～70%，此时期的水浓缩成有了一定浓度的水溶液，与细胞外的大分子物质接触，开始发生水解反应。

萎凋后期，加温和吹风的目的与前、中期相同。促进鲜叶水分进一步减少，水解反应剧烈发生。此时，含水率减至65%～68%，细胞内的水溶性物质，由于细胞膜的透性作用，开始溶于水溶液中，水解反应剧烈发生，促进了茶叶香气前体物大量生成。萎调末期，散发出的阵发性萎凋香，便是水解反应产生的挥发性香气前体物之气味。此时的茶青叶色暗绿、萎软倒伏，是为萎凋适度的表现。

第二组合的运作方式适用于做青前段。对做青叶实施"加温—吹风—摇动—碰撞—静置"，五位一体有机组合，分期运作。目的是通过加温，继续蒸发、减少做青叶水分，激活酶原，促进发生酶促水解，前期，激发顺式青叶醇大量发生；后期异构化为反式青叶醇。

研究认为，做青前段根据做青叶的化学变化情况，又可细分为上半期和下半期两个时段。上半期，"加温—吹风—摇动—静置"四位一体组合运作，温度控制于38摄氏度以内，加温与吹风同步，此时的吹风仍是吹热风，吹风的目的一是为提高叶温，蒸发水分；二是为激活酶原，增强酶活力。摇动是为了活化分子，提高活化分子的浓度。做青前段茶青芽鲜叶嫩，不宜摇得太重，静置时间不少于45分钟，以利于茶分子酶促水解，促进呈青臭气味的青叶醇大量产生。

做青前段下半期，组合运作方式，增加碰撞元素，形成"加温—吹风—摇动—碰撞—静置"，五位一体有机组合。但做青的目的与上半期不一样。碰撞，是为促进上半期产生的水解化合物发生异构化，令异构产物的气味发生转变，由浓烈的青臭气变成清新宜人的清香气。因此，摇青和碰撞要适度，既不宜过轻，也不宜太重，这样，有利于水解化合物发生异构，转变为反式青叶醇，形成清新怡人的清香气味。

第三组合的运作方式适用于做青后段。它的目的一是通过加温，继续蒸发水分，增强酶活性；二是通过摇动，活化分子，增强分子活度，促进发生酶促氧化。此时段根据做青叶化学变化状况，又可细分为前、中、后三期。

前期，组合运作方式为"加温—摇动—碰撞—静置"四位一体有机组合，循序运作。加温，温度以32摄氏度左右为好，其作用是提高酶活性，促进内含化合物酶促氧化。摇动，以轻摇为好，既为活化分子提供能量，又可防止因摇动太重扭伤青叶。碰撞，以中等力度为佳，促进活化分子发生化学反应。静置时间45分钟，令反应物在静态条件下温和地进行酶促反应，促进醇类、醛类等化合物生成，产生以醇类为主，呈鲜爽清新的清花香味低沸点的醛类、酸类、酮类相复合的氧化物。

中期，组合运作方式为"摇动—碰撞—静置"三位一体有机组合，循序运作。温度以25摄氏度左右的常温为好，其作用是稳定酶活性，促进内含物酶促氧化；摇动，以中度摇动为适度，从而增大活化分子的能量，加强酶促反应；碰撞，取中上力度的碰撞为合适，以利于同等程度的活化分子匹配反应。静置，时间60分钟，让青叶内化合物有宽裕的时间缓慢地进行化学反应，促进以醛类为主，醇类、酸类、酮类化合物生成，从而获得中沸点浓醇馥郁的浓花香气味化合物。

后期，做青元素组合与运作方式同中期，所不同的是，温度继续稳定于25摄氏度左右为度；摇动，以重摇为好，以进一步增大活化分子的能量；碰撞，以重力碰撞为佳；静置时间2个小时，让做青叶化学反应更加充分，生成酯类和内酯类化合物，从而获得高沸点、清醇鲜爽的水果味芳香物质。

总而言之，以上论述的化学方式与物理方式，表面看来是运作方式，实则是外因通过内因而起作用的技术转化方式。

四、茶鲜叶化学成分转化之效果

从上述促进茶鲜叶转化的化学方式与物理方式的研究中，我们发现，这两种方式的组合运作对于武夷岩茶色、香、味、内质的形成，均起关键性作用。

1.转化形成决定茶汤浓稠度的主体物——多酚类化合物

在鲜叶加工过程中由酶促氧化转化而成的多酚类化合物，占茶汤水浸出物总量的3/4。其中以儿茶素转化最多，占多酚类化合物总量的70%以上，儿茶素不仅是涩味主体，也是决定茶汤浓淡，成茶品质优劣的主体物。其次是茶黄素，也占多酚类化合物相当的比重，亦是主要的呈味物质。

2.降解形成甘甜味的主体物——可溶性糖

鲜叶中的淀粉、果胶质、脂多糖、纤维素等化学成分由于水解作用，可溶性糖含量大量增加，大分子的多糖发生降解，增加了单糖的含量，由此，导致糖类含量在茶叶干物质中占很大比重。可溶性糖能溶于水，是茶汤甘甜味的主体物，在做青过程中，经转化还生成香气成分。

3.水解生成鲜爽味化合物——氨基酸（茶氨酸）

鲜叶中的蛋白质，是一种大分子物质。做青过程中，在蛋白酶作用下发生水解，水解以后的产物为氨基酸。其中70%左右的游离态氨基酸是茶氨酸。氨基酸特别是茶氨酸是构成茶汤鲜爽滋味的主要成分，茶氨酸不仅具有味精样的鲜美滋味，还能化解茶汤的苦味涩味，增强甜味。此外，在做青过程中，氨基酸还参与香气的形成，它所转化而成的挥发性醛类化合物或其他产物都是茶叶香气的成分。

4.氧化生成茶汤色素缩合物——茶黄素、茶红素与茶褐素

茶叶的色素物质，有的是鲜叶中天然存在的，比如叶绿素；有的则是在加工过程中，一些物质经氧化缩合而形成的。茶叶色素有脂溶性色素与水溶性色素之分，脂溶性色素主要对茶叶的干茶色泽及叶底光泽起作用，水溶性色素则对茶汤有重要影响。水溶性色素通常是做青过程中形成的色素，在做青过程中，摇动造成鲜叶叶缘损伤，引起多酚类物质氧化、缩合形成茶黄素、茶红素和茶褐素。首先，由多酚类物质氧化形成的茶黄素，水溶液呈橙黄色，是茶汤明亮的主要成分，其次，茶红素的颜色为棕红色，能溶于水，水溶液为深红色，是由茶黄素进一步氧化而形成的色素。再次，茶褐素是造成茶汤发暗、失收敛性的重要因素，长时间过重的萎凋，长时间高温发酵是茶褐素积累的重要原因。故在制茶过程中，主要取茶黄素，其次取茶红素，摒弃茶褐素。

5.氧化生成芳香性化合物——醇、醛、酯类化合物

科研发现，茶叶香气的形成，源于加工方式。鲜叶采用不同的加工方式，会形成不同的香气物质，其中温度和摇动，将直接影响茶叶香气的形成，而香气的高低，首先取决于香气前体物质的多寡。实践表明，在茶叶加工的初始阶段即萎凋阶段，香气的前体物因水解而形成，嗣后，在做青阶段，因酶促氧化，将香气前体物的萜烯类、芳香烃及其氧化物、类胡萝卜素类、氨基酸类、糖类等物质和加工中形成香气的必须酶系，进一步催化成为醇类、酸类、醛类、酮类和酯类具有清香、清花香、浓花香、果味香等挥发性芳香化合物。

武夷岩茶现代做青技术再研究

内容提要：为把武夷岩茶做青工艺从传统手工技艺转变为现代做青技术，作者在理论研究基础上，对现代做青技术的框架结构、运作机制、技术参数、配套工艺、评估技术等方面再做深入研究，并将研究成果运用于生产实践。实践证明，创新设计的现代做青技术，出好茶的概率大大高于传统手工技艺，从而成功实现做青工艺由传统技艺向现代科学技术转变，武夷岩茶现代做青技术基本得以定型。

关键词：武夷岩茶，现代做青技术，运作机制，技术参数，配套工艺，评估技术

导　言

为把武夷岩茶做青技术由传统技艺转变为现代技术，作者曾就武夷岩茶现代做青技术的相关问题做过理论研究，在此基础上，本文着重对武夷岩茶现代做青技术的运行机制、技术参数、配套工艺、评估方法再做深入研究，使之成为有骨架结构、有血有肉、有神经系统的可操作控制的现代做青技术。

一、精确把握萎凋含水率，打好做青基础

武夷岩茶的原料是富含水分的茶鲜叶。研究发现，正常条件下的茶鲜叶含有75%的基本水分，但是在干旱天气含水率会不足75%，特别干旱天气甚至会低于70%，在雨水多或浓雾天气含水率又会超过75%，在连续多雨天气，含水率甚至会高达85%至90%。因此，在雨天或浓雾天萎凋的首要任务是先把鲜叶中多余的水分蒸发逸散，将含水率降低到75%的正常水平。

实践告诉我们，萎凋不仅要把鲜叶中多余的水分消去，还要将鲜叶梗脉、叶片中的正常水分减少，降至做青需要的含水率。这个含水率虽然无法即时准确测定，但是可以通过萎凋过程中鲜叶外部特征判断出来。比如通过鲜叶失水后的特征表现，即叶色暗绿、叶态平伏、顶二叶变软低垂、发出悦鼻萎凋香等外部特征反映出来。此种特征出现表明鲜叶已达萎凋状态，其含水率在64%左右。

研究认为，茶鲜叶的酶促反应是在一定水分条件下进行的。水既是化学反应的介质，又是化学反应的溶液或溶剂，而且是在一定溶液浓度下发生化学反应的。茶鲜叶中的水分有游离水和结合水之分。支撑茶鲜叶叶片、叶脉和茎梗的水分基本上是游离水。游离水偏多，会稀释化学反应的溶液。游离水偏少，又会造成化学反应溶液的浓度偏高，从而影响鲜叶内含化学物质正常化学反应。因此，萎凋的目的就是要将茶鲜叶中的水分控制在内含化学物质发生化学反应的最适水平上，从而打好做青基础。

那么，在正常天气条件下，茶鲜叶的水分需要消减多少才能达到萎凋目的呢？为了表述和操作方便，我们将75%正常水分换算为100%标准含水率（下同）。研究认为，达到萎凋特征的茶鲜叶，应消减的水分约15%，留存的水分约85%，以此为做青的起点水分。在做青过程中，实践发现，每消减2%的水分，含水率达到某一数值时，就会出现一种独特的香气。比如含水率减至82%时，做青叶会发出浓烈的青草气味，含水率再减至80%时，做青叶会发出悦鼻的清香气。因此，萎凋的基本功能就是消减水分，使鲜叶含水率达到内含化学物质发生化学反应的起始浓度，打好做青基础。

否则，萎凋不到位，鲜叶含水率不达85%的起始点，就开始做青，不仅茶香不能按时发越，还会造成鲜叶破碎，从而产生大量碎茶和末茶。萎凋过了头，即经萎凋的鲜叶过量失水，含水率低于85%，又会造成鲜叶叶片干枯，影响做青叶正常发酵，从而形成大量黄片。因此，精确把握萎凋含水率，打好做青基础，对于实现做青效果至关重要。

二、科学组合运作做青工艺元素，促进茶鲜叶正常化学反应

做青的目的是促进萎凋后的茶鲜叶发生正常化学反应，以收到发香、转味的效果。做青的实践表明，加温、摇动、碰撞、静置等工艺元素，对做青叶化学反应有重要的促进作用，将这些工艺元素组合起来，分阶段、有规律地进行运作，起的作用更大，收到的效果更好。为此在对做青工艺元素进行组合之前，有必要先对各自的功能作用做一番研究，以便组合得更加科学。加温，是用电阻或炭火产生的热能，对鲜叶进行加热，一方面用以蒸发鲜叶水分，使之达到做青各阶段需要的含水率；另一方面提高叶温，使之达到做青各阶段化学反应所需的温度。研究发现，萎凋与做青两个阶段所需的温度是不一样的，萎凋阶段所需的温度比做青各阶段所需的温度要高很多，最高可达50摄氏度左右，而做青各阶段所需的温度平均为30摄氏度。这是因为萎凋阶段的茶鲜叶水分高，叶温低，为达到萎凋效果，需要用较高的温度，蒸发掉多余的水分。做青阶段加温的温度比萎凋阶段低，是由于做青叶氧化发酵不需要萎凋温度那样高。研究发现并经实践证明，武夷岩茶做青叶内含化学物质发生化学反应的最适温度为26～27摄氏度，加温30摄氏度减去自然消耗的热量，恰好在26～27摄氏度温度范围内。摇动，在传统做青技艺中称之为摇青，现代做青工艺直接称为摇动。摇动是将装在做青机内的做青叶，运用传动带带动做青机进行滚动作业，产生的能量给做青叶的分子提供活化能，以活化分子，再通过滚动，为活化分子发生化学反应增加能

量。碰青，在传统做青技艺中称之为做手，现代做青技术是将做青机做反时针高速转动，令机内做青叶发生剧烈碰撞，从而促进已经活化的茶分子发生化学反应，之所以要设置此工艺，源于活化分子发生化学反应必须通过碰撞的科学道理。科学研究认为，"发生化学反应的必要条件是反应物分子必须发生碰撞，而且是分量超过某一限值的有效碰撞，才能发生化学反应"。静置，武夷岩茶手工技艺称之为晾青，现代做青技术将晾青更名为静置。静置是将经摇动、碰撞的做青叶静放于做青机内，不摇不动，令做青叶在静放中缓慢地进行化学反应。静置的功能作用是通过静放抑制茶分子化学反应的速度，令做青叶内茶分子在相对静止的状态中，缓慢地进行化学反应。研究认为，这样做缘于做青叶的生化特性，也缘于做青叶化学反应的性质。从茶叶化学反应的性质看，茶分子的化学反应是内源酶促反应，无氧生物氧化，由此决定了茶分子的化学反应速率的迟缓性、温和性、循序渐进性。由此可见，静置看似简单，不需要做任何动作，却有着控制做青叶化学反应速率的抑制作用。

研究认为，做青工艺元素虽有各自的功能作用，但是发挥的作用是分散的、有限的，只有组合成为一个完整工艺之后，功能作用方能发挥得更好。现代做青工艺依据各工艺元素的功能作用将加温、摇动、碰撞、静置4个工艺元素按顺序连接为一体，形成一个个有促进、有控制，促进与控制相结合的工艺环节，然后，再将各个工艺环节连接起来，构成一个完整的做青工艺体系。

实践发现，整个做青工艺体系依据做青叶生化变化状况，可划分为7个工艺环节。第一个环节称一摇，根据该摇的叶态表现（由萎凋变复活）又称之为摇活；第二个环节为二摇，根据该摇的叶色表现（由暗绿变青绿）和青臭气出现又称摇青；第三个环节为三摇，根据该摇的叶态表现（叶缘红边出现）和清香气出现又称摇红；第四个环节称之为四摇，根据该摇的香气发越表现（出现淡淡清花香），又称摇香；第五个环节称为五摇，根据该摇的香气表现（由清花香转变为浓花香），又称酝香；第六个环节称为六摇，根据该摇的香气表现（由浓花香变重青味），又称酿香；第七个环节称为七摇，根据该摇香气表现（由重青味变鲜果香），又称定香。按照上述环节的次序，依次做青，顺序推进，直至达到做青效果为止。

在具体操作上，第一摇（摇活）不加温，以15转／分的速度摇13分钟，在摇动过程中，做青叶由萎凋倒伏状态变为张挺复活状态，故此摇名为摇活。第二摇（摇青）以30摄氏度加温10分钟，以20转／分的速度摇15分钟，然后静置50分钟，中间碰青以25转／分的速度反摇3分钟，静置后期，做青叶会散发出浓厚的青臭气味，二摇便告结束。从第三摇（摇红）开始，直至第七摇（定香）加温的温度与时间，碰撞的时间与第二摇相同，所不同的是摇动力度、摇动时间、静置时间每摇都不一样，第三摇，25转／分，摇17分钟，静置70分钟；第四摇，30转／分，摇20分钟，静置53分钟；第五摇，30转／分，摇25分钟，静置55分钟；第六摇、第七摇，30转／分，各摇30分钟，静置时间分别为45分钟、40分钟。第八摇为堆青，既不加温，也不摇动与碰青，堆青前吹冷风5分钟，然后静置95分钟，做青叶酶促反应至热透叶表，叶温高于室温2摄氏度，散发出浓醇馥郁的熟果香时，做青便达效果。至此，做青总历时600分钟（合10个小时），连同2个小时萎凋，共计12个小时。需要说明的是，从第三摇至第七摇，各摇的香气依次为清香、清花香、浓花香、重青味、鲜果香。我们将做青全过程的香气连接起来形成一条：青草气—清香气—清花香气—浓花香气—重青味—鲜果香气—熟果香气的香气链条。研究发现，上述7种香气，除重青味外，分属于3种不同的香气类型，3类不同沸点的化合物。青草气、清香气为150摄氏度低沸点的青叶醇和反式青叶醇；清花香与浓花香为230摄氏度左右中沸点的醇类和醛类为主的复合型化合物；鲜果香气和熟果香气为250摄氏度以上高沸点的以酯和内酯为主与其他化合物相复合的化学产物。

三、正确识别做青叶外部特征，评估做青叶内部化学变化

做青实践告诉我们，准确评估做青叶化学变化，然后根据评估结果，对做青工艺进行适当调整，促进做青叶顺利地进行化学反应，是做好青、出好茶的一个重要技术。

（1）正确识别做青叶外部特征，评估内部化学变化状况。做青叶内的化学变化虽然看不见，摸不着，但还是有迹可寻的。研究认为，通过做青叶的叶色、叶态、叶质的外观表象和香气的发越与转变等外部特征，可以判断做青叶内部化学反应的状况。这些外部特征，有的可以单独或同另一个特征结合起来观察，评估做青叶内部化学变化状

况。比如，青绿的叶色、张挺的叶态，可判断出做青叶水分较充足，含水率高约100%；叶色暗绿、萎软平伏，可判断出做青叶内部水分已消减约15%，青叶含水率已降至85%左右；叶色暗绿，顶二叶下垂，可判断出做青叶内部水分已消减约10%，青叶含水率约90%上下，从上述85%与90%的青叶含水率可以判断萎凋已适度或基本适度。实践还发现，将多个特征表现综合起来观察，对青叶内部化学变化状况的评估会更为准确。比如，在萎凋阶段，将叶色、叶态和香气综合起来观察，出现叶色暗绿、叶态呈倒伏状，散发出微微萎凋香气3个外部特征，便可准确判断萎凋已经适度，可以转入做青阶段。再如，将叶色、叶质、叶态和散发的香气综合起来观察，对做青叶生化变化到什么程度，进入到什么阶段，也可以做出准确评估。做青中发现红边达1/3，手感滑爽如握绸，叶片大部呈汤匙状，散发出甜醇馥郁的浓花香气，由此可以判断此时做青叶内的含水率在76%左右，干物质已积累至24%上下。

（2）认真评估做青叶化学反应的水溶液浓度，判断干物质形成的程度。研究发现，做青叶化学反应所需的水溶液浓度是有定数的，干物质形成也是有规律的。做青第二阶段（二摇），叶色青绿、叶态张挺，散发出浓厚的青草气味，出现这种状况估计此时的青叶内含水率在82%左右，干物质已形成18%左右。做青第三阶段（三摇），叶色暗绿、叶质柔软、叶态平伏，散发出鲜爽的清香气味，出现这种状况，估计此时的青叶内含水率在80%左右，干物质已形成20%左右；做青第四阶段（四摇），叶色绿黄、叶质柔软、叶态平伏、叶缘现红边，散发出甘爽怡人的清花香气味，出现这种状况，估计此时的鲜叶含水率在78%左右，干物质已形成22%左右；做青第五阶段（五摇），此摇的叶色淡黄绿，叶质变硬扎，握之有扎手感，叶态呈汤匙状，红边扩大，散发出馥郁的浓花香气味，出现此种状况，估计此时的鲜叶中含水率在76%左右，干物质已形成24%左右；做青第六阶段（六摇），叶色黄绿，叶质柔软滑爽，握之如握绸，叶态呈龟背状，红边加深，散发出浓烈的重青气味，出现此种状况，估计此时鲜叶含水率在74%左右，干物质已形成26%左右；做青第七阶段（七摇），此摇叶色黄绿显蜡光，叶质粗糙，握之如握锯糠，叶态平展，红边达全叶1/3，散发出浓醇馥郁的鲜水果香味，出现此种状况，估计此时的鲜叶含水率在72%左右，干物质已形成28%左右，此种状况的出现，表明做青已基本达预期效果，可转入堆青，发展成熟水果香味。

四、对接好炒青工艺，巩固做青成果

研究认为，堆青达到青叶散发出浓醇馥郁的熟水果香气，表明已经到位，应该及时付诸炒青，中止青叶继续氧化发酵，否则，继续做下去会适得其反，酶促反应成全发酵的红茶。

实践证明，中止发酵的最好方式是用高温促使做青叶中多酚氧化酶等酶类变性而失去活力，从而中止茶分子酶促反应。这种中止发酵的方式，俗称杀青。杀青的方式通常是在铁制的炒青筒底部生旺火加温，待温度升至230～260摄氏度时，倒入待炒的做青叶翻炒，1分钟后听到爆米花似的噼啪声，继续旺火加温翻炒至噼啪声稀落，此时叶色暗绿，叶质柔软如棉，揉之黏手，少量水珠黏附手掌，嗅之茶香扑鼻时，即刻交付揉捻。实践证明，做青叶经7分钟的高温杀青，青叶中的多酚氧化酶等酶类基本变性失去了活力，发挥不了酶促反应作用，因此，做青发越的熟果香气得以保留，不再转化成其他气味。实践表明，炒青的技术要点在于炒青的火力要旺，使做青叶的叶温在短时间内迅速升高，令青叶内的多酚氧化酶等酶类迅速变性，失去活力。如果火力不旺，反而为做青叶内的酶类提供活力发挥的最适温度，促进做青叶加速化学反应，从而令炒青适得其反。科学研究认为，酶活性的最适温度在50摄氏度以下，超过最适温度，酶就会变性而失去活力，发生不了酶促反应。所以，炒青的温度一定要高，并且要快速。快速的目的不单为迅速中止酶促反应，还有一个作用就是防止做青叶因高温过度失水，揉捻不成条形，从而产生大量黄片，影响制率。

五、武夷岩茶现代做青技术的实践检验

研究认为，现代做青技术设计得好不好，最好的办法是放在实践中检验。实践是检验真理的唯一标准，也同样适用于自然科学的做青技术设计。为此，我们将研究设计的这套现代做青技术运用于2013年的春、秋两季做茶实践，经过30个批次的实践检验，这套现代做青技术做出来的武夷岩茶五大产品（大红袍、水仙、肉桂、名丛、奇种）

外形内质均达到武夷岩茶国家质量标准的感官指标，其中，15个批次产品达特级品标准，12个批次产品达一级品标准，3个批次产品达二级品标准，2013年冬季，我们将运用这套工艺技术制作的大红袍、水仙、肉桂和名丛等4个产品送福建省农业厅审评，水仙与名丛获评为福建省名茶、大红袍与肉桂获评为福建省优质茶，由此说明创新设计的武夷岩茶现代做青技术是能做出好茶的，且出好茶的概率大大高于传统手工技艺做出的茶。

实践还表明，这套现代做青技术，不仅能够出好茶，还有一大优势就是该技术适合机械化生产，易掌握、可调控、好操作、效率高。生产效率是手工做青的10倍，将现代做青技术运用于综合做青机，单机单班加工制作的青叶可达200～250千克，相当于10个手工做青师傅1天的生产量，且质量不低于手工做青。现代做青技术的另一个优势是做青可以不受天气影响，雨天也可以做青，而且也能做好青，出好茶。

上述的实践结果表明，创新的武夷岩茶现代做青技术是科学的、可行的，它成功实现了武夷岩茶做青工艺由传统技艺向现代技术转变，使武夷岩茶做青工艺由经验上升到科学，将武夷岩茶制作技术提高到一个新的水平。

武夷岩茶的冷做青与热做青

岩茶做青工艺有冷做青与热做青之分。两种做青方式出的做青效果不一样，冷做青出清香，热做青出熟香。

所谓冷做青是将整个做青作业都置于凉爽状态中，除萎凋需要加热外，从做青开始即用冷风将做青叶吹凉，然后，每次摇青前都要吹一阵冷风，每次静置后做青叶叶温升高时又继续吹冷风散热，从而使做青叶始终在凉爽状态中氧化聚合，直至清香发越，花香显露。用此法做青，茶水色泽淡黄，香气高爽清新，缺点是沸点低，香气挥发快，不耐烘焙，亦不耐储藏。

所谓热做青是将整个做青作业都置于温热状态中，除萎凋时加温外，从做青开始，每轮摇青前都要吹5～6分钟30摄氏度热风，然后摇青、静置，使做青叶始终在温热状态中自然发酵，直至花香浓郁，果香显露。用此法做青，茶水色泽橙黄，花果香浓醇馥郁，沸点高，耐烘焙，耐储藏。

上述两法的运用，可因客户制宜。客户喜欢香气高爽的新茶芳香可取冷做青，客户喜欢浓醇馥郁的熟茶香可取热做青。

堆青的科学道理

　　武夷岩茶做青后期有个堆青工序。做青叶经过堆青，香味变浓厚清纯，叶片变黄绿有光。出现这种现象，表明堆青已经适度，经进一步炒青、揉捻和烘焙，制得的毛茶（初制茶）香气高长、浓香扑鼻、滋味醇厚、甘爽润活。

　　堆青虽为堆放过程，实为一种做青工艺。堆青工艺方法简单，只需在做青后期将基本做好但缺少香气的做青叶或堆积于地上，或堆积于竹箩筐中，或堆积于做青机内，任做青叶自然发热，俟热透叶表时下青交炒。研究认为，堆青的工艺原理是利用做青叶自身呼吸作用进行热解反应，产生的热量由里及表向外传导，最终透过表面，从而促进做青叶逐渐熟化，达到提香醇味的目的。

岩茶做青中的转折性气味

　　生产实践发现，岩茶香气形成过程中有3次转折性气味出现，每一次转折性气味过后，生发出的香气较前一次纯净柔和，且一次比一次浓郁。第一次是清香之后出现的浓烈青臭气味，继而生发出犹如兰花、水仙花似的清花香气；第二次是清花香之后出现的刺鼻辣蓼气味，继而生发出犹如桂花、茉莉花似的浓花香气；第三次是浓花香之后出现的腐朽木头气味，继而生发出犹如苹果、水蜜桃似的新鲜水果香气。通常，做青师傅会将此种浓烈气味错判为做青失败的味道，其实，这种浓烈气味的出现，倒是茶香发生转变的标志，没有出现浓烈气味，反而是做青没有到位的表现，故我们把做青过程中出现的浓烈气味称之为转折性气味。研究认为，转折性气味的出现，是岩茶香气形成过程中有机物质化学反应由淡变浓，进而达到最高状态的气味，因此，转折性气味的出现可作为判断做青达到什么阶段的依据。

水分盈亏对茶香发越的影响

作者在做青的实践中发现，茶鲜叶的含水率对茶叶品质的形成关系极大，水分的盈亏对茶香的发越与升华和干物质的积累有着十分密切的影响作用。

茶鲜叶含水率一般以100%为计量单位，即以正常年景茶鲜叶含水率100%为标准，假如萎凋阶段失水15%，则剩余含水率为85%，以此为基准，做青中的第一、二阶段（一摇至三摇）与第三、四阶段（四摇至七摇），水分可保证香气正常发越与升华，由清香升华为花香与果香，最终得到浓醇馥郁的熟果香。但是，非正常年景的干旱天气，茶鲜叶含水率低于100%，比如95%，低5%，则表示萎凋阶段水分亏缺5%，为保证萎凋香正常发越，要用下一阶段（做青阶段）的水分来弥补，由此又造成做青阶段水分不足，含水率满足不了花果香发越所需的水分，不能实现由清香向花果香的升华。同理，如果在正常年景，萎凋阶段失水过多，也会造成做青过程的水分亏缺，出现香气不能正常发越的现象。

水分在亏缺的情况下香气不能正常发越，已为实践所证明。实践也同样证明，水分在丰盈的条件下，香气也同样不能发越。原因是，雨水多的茶季，雨水青含水率会达到105% ~ 110%，加上叶面水甚至会超过115%以上，水分处于十分丰盈的状态。萎凋不仅要蒸发萎凋阶段正常应走的水分，还要蒸发掉多余的水分。如果萎凋不到位，含水率过高，不仅萎凋香不发越还会影响后续做青阶段香气发越，因此，雨天做青大多少香。

研究认为，茶鲜叶内的含水率在萎凋、做青、杀青各阶段是有定数的，这个定数也是有迹可寻的，以技术上可以闻到的香气类型作为判断依据。闻到萎凋香气，表明萎凋已到位，此时的青叶含水率在85%；闻到青草气，表明二摇（摇青）已到位，此时的含水率在82%；闻到清香气，表明三摇（摇香）已到位，此时的含水率在80%；闻到清花香气，表明四摇（酝香）已到位，此时的含水率在78%；闻到浓花香气，表明五摇（酿香）已到位，此时的含水率在76%；闻到鲜爽的青果香气，表明六摇（定香）已到位，此时的含水率在74%；闻到馥郁的熟果香气，表明七摇（藏香）已到位，此时的含水率在72%。

上述技术也可以用来判断茶叶干物质的形成状态与形成过程。出萎凋香，表明干物质已形成15%；出青草香，表明干物质已形成18%；出清香，表明干物质已形成20%；出清花香，表明干物质已形成22%；出浓花香，表明干物质已形成24%；出青果香，表明干物质已形成26%；出熟果香，表明干物质已形成28%。上述干物质的形成与含水率的消减成彼消此长的关系。此为做青工艺研究之一大发现也。

精心营造做青环境为做青创造好条件

武夷岩茶生产实践表明，良好的做青环境对于做好青，出好茶的影响极大。做青环境好，好做青，出好茶的概率高；做青环境差，不好做青，出好茶的概率低。何谓做青的宏观环境，即做青的天气状况。晴天、阴天还是雨天，北风天还是南风天。一般来说，晴天，北风天温度、湿度适中，好做青；阴雨天、南风天温度低、湿度大，不好做青。所谓做青的中观环境，即厂房、车间环境。厂房、车间开放，无遮挡，不便控温控湿，厂房车间封闭、半封闭，有门有户，有加温减湿装置，便于控温控湿。一般来说，前者不好做青，后者好做青。所谓做青的微观环境，即做青机内的微域环境，要能加温控湿，便于摇动、碰撞，这样，比较好做青；反之，不能加温控湿，不便摇动、碰撞，则不好做青。生产实践还表明，宏观环境下的大气温、湿度，不易掌握和控制，中观与微观环境下的温度与湿度相对易于掌握和控制。中观环境营造得好，可以弥补宏观环境不易掌握控制之不足。一个良好的中观环境要求车间面积大小适中，门户启闭灵活，便于控温控湿。微观环境的营造，关键在于做青机的设计，要求能够加温控湿，便于摇动、碰撞。达到这一要求的做青机必须有加温、减湿装置，有变速、反转功能，且统一用电作为动力，将电能转变为热量。

总之，做青环境的营造，目的是为做青叶氧化发酵创造一个良好的环境条件，将温度稳定在26～27摄氏度之间，相对湿度保持于70%～80%水平上，不能忽热忽冷，忽干忽湿。实践证明，这种做青环境营造好了，不仅好做青，而且能大大提高出好茶的概率。这是因为，26～27摄氏度的温度，70%～80%的相对湿度，研究数据表明是做青叶氧化发酵的最适温、湿度，在这个最适温、湿度条件下，茶鲜叶的氧化发酵比较顺畅，反之，温、湿度偏高或偏低，氧化发酵就不顺畅，青不好做，出好茶的概率自然就低。

CHAPTER4 ｜ **第四篇**

武夷岩茶烘焙技术

论烘焙对武夷岩茶品质的影响

内容提要：本文重点研究对武夷岩茶品质有重要影响的烘焙工艺技术。作者对这门工艺技术的创新与形成过程、基本工艺要素、该工艺技术的具体运用等方面做了深入研究，探寻这项工艺技术对提升武夷岩茶品质所起的重要影响作用。

关键词：武夷岩茶制作技艺，烘焙（炖火）工艺技术，岩茶品质

烘焙，俗称炖火，在武夷岩茶制作技艺中是仅次于做青的一道对武夷岩茶品质有重要影响作用的工艺技术。作者对这道工艺技术的形成过程、工艺元素的构成、工艺技术的具体运用等方面做了深入研究，揭示这道工艺技术对提升武夷岩茶品质所起的影响作用。

一、烘焙之概念

1.烘焙之定义

烘焙，在武夷岩茶制作技艺中又称炖火，是用不同的热能长时间作用于烘焙对象，增强化学与物理反应，从而提升武夷岩茶品质的制茶工艺技术。

2.烘焙之工艺元素

烘焙的工艺元素，手工烘焙由热源（木炭、竹炭、电阻丝）、温控材料（木、竹炭灰、电温控器）、焙笼（盛装烘焙茶之竹制容器）、焙盖（遮盖烘焙物之竹质器具）、焙窟（承载热源之泥质、铁制容器）等元素组成。机械烘焙由锅炉、烘干机、温控设备等元素组成。

3.烘焙（炖火）之作用原理

烘焙（炖火）的作用原理是用不同热源产生的热量，对付焙茶进行长时间加热，以增加化学反应和物理反应所需的能量，促进内含物质进一步发生化学反应和物理反应，从而提升武夷岩茶的内在品质。

二、武夷茶烘焙（炖火）工艺技术的形成过程

研究认为，焙火工艺发端于北宋年间北苑贡茶制作技艺，早于武夷茶制作技艺的创新，这从北宋文人墨客的诗词中可以得到证据。研究还发现，武夷茶的烘焙工艺技术形成于明末清初，完善发展于清中

期，这也可从明清涉茶的诗词文赋中得到证据。明末清初，涉茶的诗词文赋时常可见"焙"字镶嵌其中，比如，"先蒸后焙""先炒后焙""浓蒸缓焙""烘焙不得法""不精焙法""学其焙法""武夷焙法"等，说明明末清初，武夷山在制茶方法上已经采用烘焙工艺技术，而且运用这个工艺技术有个改进发展过程，先是"先蒸后焙""浓蒸缓焙"，进而"先炒后焙"，在运用过程中曾出现"僧拙于焙""烘焙不得法""不精焙法"的情况，焙出来的茶品质很差，"只供宫中浣濯瓯盏之需"。上述状况直至清初顺治七年至十年（1650—1653年）崇安县令殷应寅招黄山僧制松萝茶，引进松萝先炒后焙制法之后才有改变。武夷山茶叶制作先人在学习松萝先炒后焙制法的同时，也学其焙法，制作出的茶品质很好，与松萝茶堪并驾，时任浙江与福建按察使的周亮工，分得数两，甚珍重之。由此，武夷茶由"僧拙于焙""烘焙不得法""不精焙法"向实甲天下的"武夷焙法"转变。清末，武夷岩茶制作技艺创始的时候，将"武夷焙法"这个精湛工艺技术吸纳其中，成为武夷岩茶制作技艺一个不可或缺的重要组成部分。今天的岩茶烘焙（炖火）技术正是传承于"武夷焙法"。

三、烘焙（炖火）对武夷岩茶品质的影响

研究和生产实践证明，烘焙（炖火）对武夷岩茶优良品质的形成虽不起决定作用，但起重要的影响作用。研究认为，武夷岩茶良好品质的形成，主要由做青工艺决定。青做得好，品质就好，反之，青做

得不好，品质也就差。烘焙（炖火）只起修饰性的影响作用。生产实践还表明，没有做出基本品质特征的茶叶，即使烘焙炖火技术非常精到，也不可能焙出武夷岩茶的基本品质特征，焙出来的茶只能是"色乌汤红、焦焦味"的另类茶，而不是"橙黄清澈，香高味醇"的武夷岩茶。因此，对武夷岩茶来说，烘焙的作用对象是已经做出部分或基本做出品质特征的岩茶，烘焙所起的只是去杂、提香、浓味、增色、转味的修饰性影响作用。

所谓去杂，是将具有一定滋味特征，但茶水浑浊，含有较多杂质，滋味混杂，含有许多杂味（比如苦味、青味、酵味、涩味等不良杂味）的付焙茶，通过烘焙（炖火）将杂质杂味去除或转化，从而收到茶水清澈明亮、味道清纯爽口的效果。所谓提香，即将做青过程中已经形成一定香气成分，但因为能量不足香气没有完全发越，或为其他气味所掩盖，茶香没有充分显露出来的付焙茶，通过烘焙（炖火），加温受热，增加能量，将杂气驱除，促进香气完全发越，从而使岩茶正香得到充分显露，收到提香效果。所谓浓味，即将做青过程中已形成一定滋味，但味感淡薄的付焙茶，通过烘焙（炖火）醇厚茶汤浓度，从而使茶水滋味变得浓稠醇厚，收到浓味效果。所谓增色，即将做青过程中已形成淡黄水色，但欠橙黄明亮的付焙茶，通过烘焙（炖火）增进茶水色度，形成橙黄明亮的水色效果。所谓转味，即将做青过程中已形成一定滋味，但不适口的付焙茶，通过烘焙（炖火）转变滋味，使茶水变得甘爽可口、收到鲜美适口的转味效果。由上可见，烘焙（炖火）工艺技术运用得好，对武夷岩茶的品质可起到很好的修饰作用，产生很好的修饰效果，它能把武夷岩茶的品质提升一个至几个档次，成为提升武夷岩茶品质的一个不可或缺的工艺技术。

四、烘焙（炖火）工艺技术的运用

1.先对付焙茶的品质特征做焙前研判

本文研究的付焙茶实际上是武夷岩茶的半成品毛茶或毛拣茶，品质千差万别，烘焙前必须先行研判其品质状况，然后根据研判结果，运用不同的火功，分别进行烘焙。如果开焙前不对付焙茶的品质特征加以研判，则会发生好茶差茶均用同一种火功进行烘焙的"一锅煮"状况，差茶达不到烘焙效果，好茶反而被烘焙成差茶甚至坏茶适得其反的效果。

焙前研判的基本手段是"开汤审评"，即在烘焙之前用湿评技术将付焙茶用沸水冲泡，先闻香气、次观水色、三尝滋味、四看叶底的次序进行感官审评，综合评判，从而判断出付焙茶的大致品质特征，将付焙茶分成不具备基本品质特征、部分具备基本品质特征、完全具备基本品质特征等3种基本类型，分别采用不同的烘焙炖火工艺进行烘焙。对于不具备基本品质特征的付焙茶，采用烘干机进行高温烘焙，取老火香味。对于部分具备基本品质特征的付焙茶则采用烘干机烘焙与焙笼烘焙相结合的烘焙方式，取足火香或焦糖香味。对于完全具备基本品质特征的付焙茶，则采用烘笼、焙箱的炭焙或电焙方式取花果香味。

2.不同烘焙（炖火）技术方式的具体运用

研究认为，烘焙（炖火）其实质是通过加热加大茶分子化学反应的能量，促进茶分子发生程度不同的化学反应，从而收到预期的化学反应结果。实践证明，不同的温度和不同的受热时间形成的积温，引发的化学反应结果是不一样的。重火烘焙的结果是"色乌汤红，焦焦味"，微火烘焙的结果是"清新爽口的鲜花香味"。烘焙工艺技术的运用就是将不同的温度和烘时组合成若干工艺组合，分别运用于不同品质特征的付焙茶上，使之对付焙茶的品质起修饰作用。

（1）重火烘焙（炖火）工艺技术的运用。所谓重火烘焙，就是在烘干机上用160～170摄氏度的温度和8小时的烘焙时间，所形成的约8万摄氏度积温，烘焙不具备岩茶基本品质特征的缺陷茶，通过高温适度焦化，产生出老火香味，从而将没有岩茶香气、滋味特征的缺陷茶转变为具有老火香气、香味的另类茶。不过这种具有老火香气（味）的另类茶，由于高温的作用，外形变得乌黑，水色变成深红，气味夹杂着焦气，已不是正色正味的武夷岩茶，而是"色乌汤红，焦焦味"的武夷红茶了。

（2）足火烘焙（炖火）工艺技术的运用。所谓足火烘焙，就是在烘干机或焙笼上用140～150摄氏度的温度和6～8小时的烘焙时间，所形成的7万摄氏度积温，烘焙已做出部分品质特征的付焙茶，通过持续的中高温度和较长的受热时间，令付焙茶吃足热量，促进没有发生内质变化的部分发生内质变化，已经发生内质变化，但变化不足的部分深化内质变化，从而焙出条索紧结，色泽油润，水色橙红明亮，滋味醇厚呈烘烤香味，具备基本品质特征的武夷岩茶。

（3）中火烘焙（炖火）工艺技术的运用。所谓中火烘焙（炖火），就是在烘干机或焙笼、焙箱上。用120～130摄氏度的温度和6～8小时的烘焙时间，所形成的6万摄氏度积温，烘焙已经做出基本品质特征的付焙茶，这种付焙茶虽然已经具备基本品质特征，但仍存在某些缺点，杂味多、苦涩味重，味欠甘爽润活。烘焙的方法是用稍高的温度、较长的烘时，将苦味、涩味和其他杂味转化成甘甜爽口的焦糖香味。研究认为，这种味道由美拉德反应生成，是武夷岩茶特有的味道。

（4）轻火烘焙（炖火）工艺技术的运用。所谓轻火烘焙（炖火），就是在焙笼或焙箱上用110～120摄氏度的温度,6～9小时的烘焙时间，所形成的5.5万摄氏度积温，烘焙已经显露出一定香气、香味且完全具备武夷岩茶品质特征的付焙茶。研究认为，这种付焙茶虽然已经具备武夷岩茶色、香、味、形品质特征，但仍不很完美。味感青涩，欠润活，不爽口；香气混杂，欠纯净，不清醇。用轻火温祛除青气、涩味，提纯醇味，沉香凝韵，使味道变得清醇爽口、细腻润活、回甘韵显，从而使付焙茶的品质变得更加完美。许多茶王、金奖茶均出自这种火功。

（5）微火烘焙（炖火）工艺技术的运用。所谓微火烘焙（炖火）就是在焙笼或焙箱上，用100～110摄氏度的温度，6小时的烘焙时间所形成的约4万摄氏度积温烘焙已经做出清香或清花香特征，但青味浓重、味欠爽口的清香茶，通过微火烘焙去除青味，将清香转变为清新爽口芬芳馥郁的鲜花香味，饮后回甘韵显的花香型武夷岩茶。

武夷岩茶传统烘焙技艺

烘焙，既是武夷岩茶传统制作技艺的一个重要工序，也是一项重要工艺。具体可分为毛火（走水焙）、足火（炖火）和复火（补火）3种技术方式。研究发现，传统烘焙技艺对于改善和提升岩茶品质有独特作用。

一、打焙

打焙是焙前的主要准备工作，烘焙的前提条件。

烘焙的设备和工具主要有：焙房、焙窟、焙笼、刮炭刀、筑炭铲以及盖火用的白炭灰。燃料主要是木炭，且要求必须是硬木炭。

打焙的方法：先将少许木柴放焙窟底部燃烧，上放木炭碎屑助燃，木炭碎屑烧红后添加木炭于上方，继续烧至通红，再用筑炭铲将烧红的木炭打实筑紧，如法筑三四层后将顶层塑成圆锥形，最后铺上一层薄薄的白炭灰将炭火遮盖。

焙体通常于头天晚上打好，次日早晨启用，这样有利于去除烘焙间水汽杂味，使烘焙间温度保持于45摄氏度，湿度稳定于60%～70%。

二、走水焙（俗称毛火烘焙）

次日启用之焙温，虽然没有打焙时炽热，但温度依然很高，此焙温最宜烘焙含水量高的毛茶，既可在较短时间内将蕴含在毛茶中的水分迅速蒸发，又不至于因焙温过高而将毛茶焙焦。为防烘时偏长导致积温偏高伤及毛茶，要求每隔15分钟左右翻一次焙，直至毛茶含水率减至8%，手握毛茶有扎手感时即下焙。走水焙的目的主要是减少毛茶叶片和梗子中的水分，使之达到规定的含水率，故称走水焙。

三、炖火（又称足火烘焙）

炖火是将走水的净茶，进行文火慢炖，目的是通过炖火去杂提纯、提香醇味、改色增色，从而提高付焙净茶的品质。炖火是用走水焙后的余火，对付焙净茶长时间低温久烘，文火慢炖，使付焙净茶长时间受热，烘焙时间长达数小时至10余小时，从而使茶叶中内含化合物的香气、滋味物质在热化作用下，得到转化和提升。研究发现，不同的温度和不同的受热时间焙出的茶香气和滋味不一样，茶水的色度也不一样。一般而言，欲得清香和清花香，宜用微火烘焙；欲得浓花香，宜用轻火烘焙；欲得果香，宜用中火烘焙；欲得木质香宜用足火烘焙，欲得火味香宜用重火烘焙。

手工条件下的炖火，完全依靠烘焙师傅运用鼻子、眼睛和手掌三大感觉器官感受和调控温度，使付焙茶的烘焙效果恰到好处。炖火的技术要求很高，没有几年的身体力行、潜心感悟是出不了师的，因此，炖火技艺在岩茶传统制作技艺中是仅次于做青的一项关键性技艺。

四、复火（俗称补火）

复火是将焙火日久、受潮变味的隔年茶或当年的返青茶用中火复烘，以去除水汽杂味，回归为芬芳馥郁的新茶味，烘焙师傅将此种烘焙俗称为补火。复火顾名思义是将经过炖火的隔年茶复焙一次，通过复火恢复隔年茶或当年的返青茶原有芬芳，保持茶叶的原有品质，故复火不宜用火过重，烘时过长。复火的温度一般控制于110摄氏度烘8个小时即可收到效果。用火过重，烘时过长会改变复火茶的原有品质，朝相反方向变化，越焙越坏。

复火是保持茶叶品质的一种技术措施，它的主要作用是恢复隔年旧茶的鲜爽度，因此也是一种茶叶保鲜工艺技术。

焦糖香味的炖火工艺

焦糖香味是武夷岩茶的特有风味，一种代表性味道。武夷山茶叶制作先人在创造做青技艺的同时又创造了炖火技艺，将没有花果香味的初制岩茶进行文火慢炖，从而收到提香、转味、增色的效果，焦糖香味以及焦糖色则是上述效果的具体表现。由上可见，炖火工艺对于改善和提升武夷岩茶品质有着独特的作用。但是，至今这门工艺技术只有少数烘焙师傅运用得比较好，多数烘焙师傅仍在盲目操作之中，延长炖火时间成为他们运用这门工艺的不二法门，将只需数小时的炖火，延至十几个小时甚至几十个小时，其结果不仅收不到提香、转味、增色的炖火效果，反而把具备一定品质的岩茶炖成色乌汤红、焦味浓重的炭化茶。其实，炖火并非只是延长炖火时间，按其产生的作用，工艺上可划分为两个阶段：前一个阶段为蒸发水分，俗称走水，即用一定的热量将蕴含于付焙茶中的多余水分蒸发走，从而使付焙茶的内含化合物由富含水分的溶剂变为脱去一定水分的溶质。水分蒸发长短由付焙茶的含水率和加热的温度决定，加热温度高，蒸发时间则短。实践效果表明，付焙茶含水率由10%降至6%，在加热温度130摄氏度的条件下，蒸发时间约4个小时。炖火的后一阶段为储积热能，用热能促进内含化合物提香、转味、增色。付焙茶在含水率降至6%之后，内含化合物由湿润变为干燥，条形由松散变为紧结。此时，炖火的作用由走水（蒸发水分）转变为储积热能，用适度的热能促进茶叶内含化合物发生质的变化，从而产生提香、转味、增色的效果。实验证明，付焙茶完成走水之后，再以130摄氏度的温度炖火5个小时，即可储积起能引起焦糖化反应的热能，将付焙茶内含化合物中的单糖、多糖、多聚糖、蔗糖等糖类物质热解为焦糖，从而产生口感极佳的焦糖香味。研究发现，此种炖火工艺适用广泛，但凡具有一定糖类物质的付焙岩茶，不论什么品种，只要正确运用上述炖火工艺，都可以烘焙出焦糖香，从而将少香以至无香的次级茶转化为消费者喜欢的优质茶。

CHAPTER5 ｜ 第五篇

武夷岩茶制作工艺之配套技术

武夷岩茶采摘技术研究

内容提要：采摘，其基本功能是为武夷岩茶加工制作采撷原料，然而，这一看似简单的工艺，对武夷岩茶特殊品质的形成和产量的提高却起着基础性作用，它堪与"做青""炖火"一起共同构成武夷岩茶三大关键性技术。为此，作者就这一关键技术做专题研究，研究发现，武夷岩茶外形、内质特征是由具有中等成熟度的"中开面"鲜叶决定的，"中开面"鲜叶的原料特性，经中外科研机构和茶叶科技人员研究揭示，其物理特性与化学特性对武夷岩茶品质特征的形成起基础性作用。

关键词：采摘技术，"中开面"鲜叶，品质特征

导　　言

采摘，这项看似简单，人人都会的工作，却是一项不可缺少和不可小视的重要工艺，它对武夷岩茶良好品质的形成和产量的提高，起着基础性作用。为此，本文对这一工艺做专题考察研究，探索其科学所在、所起的关键作用及其相关的技术。

一、开面，测量茶鲜叶成熟度的外观标准

观察发现，茶树枝条着生的生长锥，在气候适宜的条件下，萌发成嫩茎，顶端的叶原基，首先发育成不成熟的鱼叶，然后再发育成第1个成熟的真叶，伴随茶树嫩茎的伸长，顶端的叶原基又发育成第2个真叶片，然后再依次生长出第3个、第4个叶片，在气候适宜和肥水好的条件下，还会生长出第5个甚至第6个第7个叶片。一般情况下，从第1个真叶生成到第5个叶片长成，顶芽停止生长，萎缩成驻芽为止，茶鲜叶的发展时间约10天，（不成熟的鱼叶生长不在此限）。期间，前面生长的叶片变得老熟、硬脆，后面生长的叶片，由紧卷发展为平展，顶叶即最后一叶的叶面积与前一个叶片（又称前叶，下同）相比，逐步由"未开面""小开面""中开面"发展到"大开面"。

古代茶人将"开面"作为测量岩茶鲜叶成熟度的外观标准。叶芽紧卷未展，称"未开面"，此种状态只能称为茶芽；顶叶初展，叶面积达前叶1/3左右，是为"小开面"；顶叶开展，叶面积达前叶1/2左右

为"中开面"，表明叶片将走向成熟，处成熟的临界阶段；叶片展开面积达前叶2/3或接近全叶，是为"大开面"，表明叶片已经成熟。

开面，表面看来是一个叶片的开展程度，其实，据观察研究，它代表着茶树新梢5片真叶的成熟顺序。从叶片在嫩茎上伸长的顺序看，从鱼叶以后第1个叶片到第5个叶片（顶叶）的生长是**重叠交互进行的**。第1个叶片达"小开面"时，第2片真叶叶芽出现；第1片真叶达"中开面"时，第2片真叶达"小开面"，第3片真叶叶芽出现。如此类推至驻芽形成，顶叶（第5叶）达"中开面"，第4叶达"大开面"时，一片真叶从萌芽到"大开面"，包含了一条新梢5个叶片的成熟过程。观察还发现，最后一个叶片（顶叶）和一条新梢的生长时间是相同的，都是10天时间，平均每2天就有一个真叶接近成熟，到顶叶"大开面"时，第1个叶片已完全成熟并走向老化。因此，古人将开面作为衡量鲜叶成熟度的外观标准是正确的。

研究认为，不同的开面表明不同的成熟程度。不同的成熟度，有不同的原料特性。不同的原料特性，适合于不同茶类。武夷岩茶属半发酵茶，"香高味醇""绿叶红镶边"的品质特征需要中等成熟度的原料，在4种不同开面的鲜叶中，唯"中开面"的鲜叶具有制作岩茶的原料特质。

二、"中开面"鲜叶的原料特性

1."中开面"鲜叶的物理特性

"中开面"采摘的鲜叶，叶色黄绿，叶质柔软，有一定柔韧性，能耐受做青机的反复持久摩擦、碰撞，能耐受揉捻工具和揉捻机械的重力揉搓，还能耐受杀青锅高火温滚动翻炒，制作出来的毛茶（半成品初制茶）条索紧结匀称，色泽绿褐油润，绿叶红镶边，成茶质实量重，碎末茶少，没有黄片。此种物理性状的形成，是具有一定成熟度的茶鲜叶，在武夷岩茶特殊工艺作用下产生的结果。反之，鲜叶偏老或偏嫩，即使用精湛的制作技艺，制作出来的毛茶，不是碎末茶多，便是黄色茶片多。研究认为，碎末茶多，是茶鲜叶偏嫩所致，多为采摘了"未开面"或"小开面"的鲜叶；黄片多，则是茶鲜叶偏老所致，多为采摘了"大开面"的深绿老叶。因此，要想制得条索匀称，质实量重的正品好茶，必须撷取"中开面"的茶鲜叶作为加工原料。

2．"中开面"鲜叶的化学特性

"中开面"茶鲜叶，能够制出条索紧结匀称，质实量重的好茶，除了物理特性之外，与"中开面"茶鲜叶富含化学成分也有密切关系。中外科研机构和茶叶科研人员的研究结果证实：茶树新梢驻芽以下1～3叶的内含化学成分比老叶（第4叶）丰富。据斯里兰卡茶叶研究所研究，鲜叶1～3叶水浸出物含量平均为44.06%，多酚类化合物平均含量为15.83%，咖啡碱含量平均为3.09%，而老叶（第4叶）的含量分别为36.4%、10.5%和2.09%，均低于1～3叶的平均含量。上海药监局也对茶叶老嫩成分含量做过比较研究，测得鲜叶1～3叶多酚类化合物平均含量为25.6%，咖啡碱平均含量为3.06%，水浸出物平均含量为47.84%，而老叶（第4叶）的含量仅分别占16.83%、2.3%和44.83%，也低于1～3叶的平均含量。茶叶专家、高级农艺师蔡建明曾对铁观音品种不同部位的鲜叶化学成分做过比较研究，测得1～3叶多酚类化合物平均含量为 19.04%，咖啡碱平均含量为 3.53%，儿茶素平均含量为 13.05%，而老叶（第 4 叶）的平均含量分别为 14.25%、2.3% 和 10.5%，均比 1 ～ 3 叶的平均含量低。上述研究数据表明，茶树新梢驻芽以下 1 ～ 3 叶的内含化学成分比老叶（第 4 叶）丰富。由此印证了武夷山茶人对茶鲜叶原料的采摘选择定位于"中开面"，采摘部位选择定位于驻芽以下 1 ～ 3 叶是符合科学根据的。

"中开面"内含化学成分丰富，科学研究探明是茶树新梢光合作用和呼吸作用的结果：随着茶树新梢叶片顺序生长，叶片中的叶绿体吸收光能越来越多，光合作用越来越强，由光合作用形成的光合产物也积累得越来越多，这些光合产物 90% ～ 95% 是有机物质，如糖类、脂肪、蛋白质、核酸、氨基酸、茶氨酸和咖啡碱等，这些有机物质基本上是光合产物衍生的。

在茶树新梢生长过程中，除了光合作用形成有机物质外，呼吸作用也参与了化学物质的形成。呼吸作用所产生的许多中间产物是合成茶树新梢各种重要物质的原料。如葡萄糖分解的中间产物丙酮酸是合成茶氨酸的原料。光合作用和呼吸作用生成或衍生的有机化合物与无机化合物，据茶叶生物化学家研究揭示，基本的元素有蛋白质（20% ～ 30%）、氨基酸（1% ～ 4%）、生物碱（3% ～ 5%）、酶、茶多酚（18% ～ 36%）、糖类（20% ～ 25%）、有机酸（3%左右）、类脂（8%左右）、色素（1%左右）、芳香物质（0.005% ～ 0.03%）、维生素（0.6% ～ 1%）。构成无机化合物的物质主要是矿质元素及其氧化物，其中包括水溶性部分（2% ～ 4%）和水不溶性部分（1.15% ～ 3%）。由此可见，上述由光合作用和呼吸作用形成的有机化合物与无机化合物，共同构成了茶树新梢内含物质的化学基础和"中开面"鲜叶所拥有的原料特质。这些化学元素经萎凋、做青、炒青的水解、酶促水解、酶促氧化、聚合还会衍生出300多种具有色、香、味特征的化合物，为岩茶"香高味醇"内在品质的形成奠定化学基础。

三、"中开面"鲜叶对岩茶品质的影响

研究认为，"中开面"的鲜叶，对武夷岩茶成品质量的影响是明显的，它不仅关系岩茶成品的内在品质，对岩茶成品外观形状的影响也是明显的，对成品茶产量的影响则更加显著。

（1）"中开面"采的鲜叶，有利于岩茶"香高味醇"内质的形成。"中开面"采的鲜叶，不仅多酚类化合物、儿茶素、氨基酸、咖啡碱的含量比老叶高，蛋白质、糖类、类脂、有机酸、色素、芳香物质等化学元素的含量亦比老叶高，它们衍生出的有机化合物更为丰富。这些化学元素经萎凋、做青、炒青等工艺方式的促进、转化，衍生成种类繁多的有机化合物，对岩茶色、香、味品质形成起至关重要的作用。比如，鲜叶中的氨基酸，尤其是茶氨酸、天门冬酸、谷氨酸，这几种氨基酸一般有鲜爽的气味特征，在一定程度上影响岩茶的香气与滋味。又如，鲜叶中的磷酸丙糖，可以直接聚合成己糖、蔗糖和淀粉，是叶片中最大的光合作用直接产物。磷酸丙糖也可以经中间代谢合成蛋白质、脂肪和其他有机物，它们对岩茶甘甜滋味的形成起重要的作用。

研究还发现，"中开面"采的鲜叶由于具有一定成熟度，容易做出鲜爽馥郁的花果香味好茶，而"小开面"和"大开面"采摘的鲜叶则只能做出苦涩味和粗青味重的次品茶。

（2）"中开面"采的鲜叶，有利于岩茶"绿叶红镶边"外形特征的形成。观察发现，"中开面"采的鲜叶，由于有一定成熟度，蜡质层和角质层较厚，叶质比较柔韧，能够耐受做青机械反复持续摩擦、碰撞，保持叶缘损伤而叶心组织完好的状态，损伤后的叶缘，经氧化而成朱砂红色，叶心由于没有损伤而保持绿色，从而实现岩茶特有的"绿叶红镶边"外形特征的形成。

一定成熟度"中开面"鲜叶，不仅有利于"绿叶红镶边"特征的形成，还有利于塑造紧结匀称的外观形状。"中开面"的鲜叶，叶面积大小适中，叶质柔韧，不仅耐摩擦，还能承受一定程度的压力，便于揉捻机械加压揉捻，经施压揉捻的做青叶，成条率高，条索紧结匀称，不松散，不断碎，叶汁黏附于叶表，形成绿褐乌润的美观叶色。

（3）"中开面"采的鲜叶，有利于提高岩茶产量。一般认为，鲜叶的产量应该是"大开面"比"中开面"高，"中开面"又比"小开面"高。但是，从成品茶的产量来看，并不完全是这样。"小开面"产量比"中开面"低，是因为"小开面"鲜叶面积比"中开面"小，内容物自然少于"中开面"鲜叶，而且"小开面"的叶片偏嫩，耐受不了长时间做青、揉捻和烘焙，做青形成的鲜叶氧化物基本成为碎末，因此产成品低，成茶率不到20%。"大开面"采下的鲜叶，虽然叶面积比"中开面"大，但是，叶片比"中开面"粗老、硬脆、纤维多，做出的毛茶成不了条索，绝大部分成为茶朴、黄片，即使有少量成条形者，也是条索粗松，叶质轻飘，因此，产成品比"小开面"更低，成茶率仅10%左右。

"中开面"采摘的鲜叶，由于叶面积比"小开面"大，受光面积也大，且受光时间长于"小开面"，故光合作用产物积累多，还由于"中开面"的叶片有一定成熟度，叶质柔韧，耐受重力揉捻，含水率适中，汁液多，黏结性强，故成条好，基本没有黄片、碎末，因此，成茶质实量重，成茶率高，可达25%～28%，高于理论产量3个百分点。

四、"中开面"鲜叶采摘的相关技术

研究认为，拿准"中开面"采摘标准，固然是做出标准岩茶的一项关键技术，但是，实施好这一关键技术做出标准岩茶还须有相关技术配套。

1.按节气适时采摘

生产实践证明，茶树新梢从萌发到生长定型，是受节气控制的。节气不到，茶叶不会萌发，节气将过，叶片容易变老变脆。因此，武夷山流传着这样一条谚语："茶叶是个时辰草，早采三天是个宝，迟采三天变成草。"说的就是鲜叶采摘要适时。在武夷山，茶叶采摘的节气比较稳定，每年都在谷雨前后，即谷雨前5天到立夏，一共20天时间。就单一品种而言，采摘和制作的时间尚较充裕，但是，多品种集中在一个节气里采摘和制作，时间就不够了，而且，临到立夏，雨水多，气温高，茶叶长大变老快，有所谓"茶到立夏一夜粗"之说。因此，有种植规模且品种多的茶企，除在种植时注意做好早、中、晚熟品种搭配外，还要注意增加加工设备，扩大加工能力，避免因加工能力不足造成鲜叶老化，资源浪费。

2.在最佳时段采摘

所谓在最佳时段采摘，是指在晴好天气里，也存在某一时段采摘的鲜叶，制作出来的茶叶品质好于其他时段采制的茶叶。研究认为，这种现象与鲜叶含水率有密切关系，在一般条件下鲜叶的含水率是有定数的，即含水率保持在75%左右，做出的茶叶品质比较好，含水率增加或减少了制出的茶叶品质都不大好，因此在武夷山，茶叶制作先人经过长期的生产实践，总结出"几不采"的时间段，即露水青不采，浓雾青不采，中午青不采，傍晚青不采。露水青和浓雾青不采，是因为露水和浓雾会增加鲜叶水分含量，影响制茶品质。生产实践表明，上述两种青叶做出来的毛茶，香气低、滋味淡。午青不采是因为正午烈日下采摘的青叶，热气高、水分蒸发快、容易发生红变和脱水，故做青质量不好。晚青不采是因为太阳下山，由于根压的作用，茶树根部水分向上提升，叶内水分增加，做青效果不好，同露水青和浓雾青一样香气低、滋味淡。因此，即使是晴天，也要掌握好采摘时间段。经验证明，上午露水干时至十一点，午后一点至四点，是采摘茶鲜叶的最佳时间段。在上述两个时间段内，抓紧时间采下青叶，既便于在鲜叶水分恰当的条件下，赶在当晚鲜叶生机活力尚强的时候，将采下的青叶制做完成，利于做出高品质的好茶。

3.掌握正确的采摘方法

古人采茶，多用手采。古代茶书对手采方式有诸多记载。武夷岩茶手工采摘方法，我国台湾茶叶专家林馥泉教授在20世纪40年代初有过具体记载："岩茶一般摘法，系掌心向上，以食指勾搭鲜叶，用拇指将鲜叶压于中指三节弯上，以拇指头之力，将叶折断，折断之叶留于掌中，候摘满一把，然后轻放入篮中"，"放置茶篮之时，切忌压实，以疏松为宜，以免茶青因压实而发生热度，受热过多，叶即红变，无法制作，受热较轻，虽不变色，但亦有宿味，制出之茶泡水浑浊而无味"。手采，最大好处是既可以采摘下合标准的鲜叶，又可分批采摘，最大限度地增加茶青产量。据观察研究，一片茶园，开山后7日内由于嫩芽尚未全数开面，茶青量只有整个茶期的25%～30%，开山后8～16日，采青量可占全数60%以上，最后二三日可采青叶仍可占全数10%～15%，因此，分批采摘可最大限度地增加茶青产量。

机采，是现在普遍采用的采摘方式。机器采摘始于20世纪90年代。机采比之手采，其优越性首先表现为采摘效率高。生产实践表明：手采，1个小时只能采下鲜叶10千克左右。机采，1个小时可采摘鲜叶100千克左右，效率相当于手采的10倍。其次，机采的青叶，达标率不亚于手采。经验表明，只要修剪整齐，鲜叶的达标率可与手采相当。第三，机采青叶较之手采，还可避免提早发酵。手采为提高采摘效率，必须待采摘一大把后才投入茶篮中，这一大把青叶紧握手掌中，外界气温加上人体手温，会令叶温超过38摄氏度以上，从而，造成鲜叶因叶温过高提早氧化发酵，影响茶香形成与滋味转化。机采就不一样了，它可以做到边割摘边抛撒于容器中，不致发生挤压，避免提早发酵，影响做青品质。

萎凋，武夷岩茶制作之基础工艺

　　萎凋，在武夷岩茶传统制作技艺或武夷岩茶现代制作工艺中都是基础工艺。它在岩茶生产制作过程中，是采摘之后的第一道工序，从这道工序开始，即进入岩茶加工制作流程。

　　萎凋，在武夷岩茶传统制作技艺中名曰晒青，是将采摘下的茶鲜叶薄摊于竹筛或篾席上置于阳光下曝晒0.5～1个小时，俟青色渐收，叶质柔软，顶二叶低垂时，集拢至做青间，摊凉后转入做青工序。在武夷岩茶现代制作工艺中，萎凋是将不经阳光曝晒的茶鲜叶直接装入综合做青机的做青桶中，用电阻丝或木炭做热源，对茶鲜叶进行加温，直至青色渐收，叶质柔软、顶二叶低垂时，用冷风将萎凋叶吹凉后转入做青工艺，做青师傅将这个工序俗称为倒青。

粗看起来，萎凋工艺很简单，只是利用阳光暴晒或用电和木炭加温，即可收到萎凋效果。其实，这项工艺是岩茶内在品质形成的基础工艺，掌握运用科学与否，关系到后道做青能不能顺利进行下去和能不能收到期望效果。萎凋实践表明，萎凋得好，做青的每一步都能顺利走下去，且每一步都能收到期望效果。萎凋得不好，会使青叶过度失水，茶青做到第3或第4步时即出干枯现象，茶青不仅发生不了化学反应，形不成预期的内质，还会造成揉捻成不了条形，形成大量黄片。因此，萎凋绝不是一道简单的工艺，而是一道事关茶叶内在品质形成的基础性工艺，要认认真真地掌握好、运用好。

在现代机械化生产条件下，将这项基础性工艺做好，作者研究认为，有几个环节必须抓住：

（1）将萎凋与做青合并为一个工序。将萎凋与做青合并工序，一是因为在机械化生产条件下，萎凋和做青都在一个做青机内进行，没有分开的必要。二是由于萎凋和做青实质上都是以控制水分为基本的工艺。萎凋是通过加温促进茶青叶大量失水，便利下一步做青。做青则是通过吹风、摇动、静置促进茶青叶适度失水，使茶青内含化学物质在一定水分条件下氧化发酵，生发出芳香甘美的化合物。

（2）将萎凋交由做青师傅统一负责，一手操作。在萎凋与做青工序合并的条件下，没有必要再将萎凋安排他人另行操作。人为将萎凋与做青分开，反而不利于做青顺利进行。将萎凋交由做青师傅统一负责，一手操作，既便于师傅前后统一地按要求将茶青萎凋好，排除茶青叶中多余的水分，又恰如其分地留足各轮次做青发酵所需的水分，不至于因萎凋过度造成水分亏缺，满足不了整个做青过程茶青发酵对水分的需要，从而影响呈香呈味物质正常生成和转化。研究认为，这种状况的发生主要在于萎凋时使用了没有经验的新手造成的。时至今日，用新手萎凋的现象仍很普遍，这是不懂得萎凋是做青基础的缘故。

（3）萎凋是个细致活，技术活，要用工匠精神来做好。诚然，新手没有经验固然是萎凋不好的原因，那么是不是师傅亲自萎凋就能保证将萎凋做好呢？那也不一定。这是因为萎凋的对象是幼嫩的茶青叶，叶片易折，梗子易断，天然决定了萎凋是件细致活，技术活，要有工匠精神才能做好，萎凋时既不能笨手笨脚地翻来覆去搬动萎凋叶，也不能长时间重力摇动萎凋叶，以免因经常搬动和重力摇动损伤萎凋叶，造成茶青叶不能正常走水而影响萎凋效果。此外，还要掌控好加热的温度，既不能太高，亦不能过低。温度太高，容易灼伤萎凋叶；温度过低，萎凋效果差且延长萎凋时间。萎凋效果表明，加温的温度以38～40摄氏度持续加温两个小时为好，这种温度和时间可将茶青叶萎凋成叶质柔软、青色变暗，顶二叶低垂，呈半倒伏状态，使萎凋达到最佳效果。这种状态下的萎凋叶除了散失10%的多余水分外，还留足了做青全过程发酵所需的水分，不至于因水分不足茶青做到一半时出现中途脱水，而导致做青失败。

武夷岩茶炒青与揉捻技术

炒青，俗称杀青，是武夷岩茶制作工艺链条中一个不可缺少的工艺环节。它是将已经完成做青作业的做青叶，装入一个两面通风、可以滚动的炒青锅中。炒青时，用柴火或煤炭将锅体加热，待温度升高至270～280摄氏度时，将做青叶滚动翻炒7～8分钟，炒至叶色变暗，叶质柔软，搓之黏手，香气显露时即下锅交付揉捻。

炒青工艺虽然简单，但却蕴含着科学道理，它的工艺原理是运用高温将正在酶促反应的多酚氧化酶等酶类的活性钝化失活，从而使酶促反应瞬间中止，已经形成的酶促反应化合物得以固定，不再向前发展转变成其他化合物。炒青的另一个工艺原理是利用高温，将做青叶的叶片和叶脉中的水分大量蒸发，使叶质由青脆变得柔软可塑，为下一步揉捻创造条件。

揉捻，是塑造岩茶外形的一项工艺。它是将炒青适度的茶青叶趁热装入铁制的揉捻机上，运用轻—重—轻的加压方法，顺时针揉捻10～12分钟，炒青叶在压力作用下，于揉捻机中成球形茶团滚动揉捻，直到将舒张的叶片揉捻成均匀的茶索时，立即交付干燥作业。

研究认为，趁热揉捻不仅是塑造岩茶外形的工艺方法，也是形成岩茶良好内质的一项重要工艺。有研究表明，揉捻的机械损伤，可以使顺－3－己烯醛呈爆发式形成，在良好的通风条件下，还可使反－3－己烯醛转化成反－3－己烯醇，这两种化学成分分别是鲜爽香和清香的香气成分。此外，研究还认为，揉捻还有两个作用：一是有利于美化岩茶外形。炒青叶的细胞组织因揉捻受到损伤，形成茶汁溢出，黏附于叶表，有利于黏结茶索，塑造出紧结优美的外形。二是有利于提升岩茶内质。揉捻外溢的茶汁，黏附于叶表还有增加茶水浓度，浓厚茶水滋味，提升岩茶品质的作用。

生产实践发现，揉捻叶热揉成条形后不宜堆积过久，而必须及时交付干燥作业，原理在于揉捻成条形后的茶青温度恰好是多酚氧化酶加速氧化的温度，堆积过久容易造成叶色变黄，茶汤变浊，滋味变淡，香气逸失，甚至出现酸馊酵味，从而降低岩茶品质。

武夷岩茶精制技术

　　精制是武夷岩茶生产制作过程中的一个生产阶段，由拣剔、筛分、风选、匀堆、炖火等5道工序组成，既相对独立又互为联系，每道工序都有相应的工艺技术配套，将干燥以后的半成品毛茶（初制茶）精制成为条索匀称，粗细均匀，质量重实，没有杂质，外形美观，内质良好，可供市场销售的成品岩茶。

　　拣剔是精制的首道工序。手工拣剔是将毛茶摊放于干净光滑的拣茶板上，用手工拣去茶朴、茶秆，剔走茅草杂物，使之条形匀称，干净一色。此道工序，光电色选机发明之前，全用手工，费劳耗时。2000年后光电色选机发明，拣剔效果好，又省工省时，迅速得到推广。有一定生产规模和经济条件好的茶企、茶农都购置了色选机；生产规模小，自己购置色选机感到不合算的茶农，大多把毛茶送到专业色选厂代拣剔，因而，现在基本上看不到手工拣剔了。这道工序于手工拣茶谈不上什么技术，小孩子都会，但却是岩茶精制中一道不能缺少的一道工序。

筛分是精制的第二道工序。筛分有手工筛分和机器筛分两种方式。机器筛分是将经拣剔的毛拣茶，置于平面分筛机上，用曲轴带动筛网抖动分筛。手工筛分是用手工将几张不同筛孔的竹筛分别做筛米状摇动，从而将粗细混杂的毛拣茶筛分为上、中、下三段粗细不同的筛号茶。筛分除分粗细外，主要作用在于将夹杂在毛拣茶中的碎末茶分筛出去，使筛号茶粗细协调、条形匀称。

风选是精制的第三道工序。风选是将经筛分的筛号茶置于木制风扇或电动风选机内，接受风扇、风机鼓吹，凭借风力将轻飘的碎片、杂质吹走，留下重实的茶索，从而使风选后的筛号茶形状相同，质地一致。

归堆是精制的第四道工序。归堆是将经风选的上、中、下段筛号茶，重新归集为一个堆头。归堆的目的是使分筛后的大、中、小筛号茶相互掺和，充分融合，从而收到粗细均匀、长短适中、色度一致、整碎融合的效果。归堆表面看是将各筛号茶混合在一起，没有多少技术含量，但也存在一定技术诀窍，基本操作方法：先按品种把各筛号茶上、中、下段分别排列于归堆场地旁等候归堆，接着将上段茶平铺于场地上做底层，然后再将中段茶平铺于上段茶之上做中层，下段茶平铺于中段茶上做顶层。筛号茶数量少，按此法打三层即可进行匀堆；若筛号茶数量多，可如法操作，增加层次，每层次的厚度掌握在6～8

厘米，最厚不能超过10厘米，且上、中、下段的顺序不可颠倒，否则匀堆效果不好。筑完堆层后，先用铁耙将堆头从顶部到底层进行垂直切割开挖，然后，再用铁铲左右翻拌开挖下来的拼和茶，最后装箱（袋）等待炖火。用此法操作可收到较好的匀堆效果。现时匀堆普遍还是用手工，仅有个别大茶企用匀堆机。

炖火是精制的第五道工序。炖火的工艺作用和工艺效果与前四道不一样。前四道的工艺作用重在整理外形，美化岩茶的外观形象，这道工艺的作用是通过炖火改善内质，弥补做青不足，转变和提升岩茶的香气和滋味。

CHAPTER6 | 第六篇

武夷岩茶的评价技术

武夷岩茶茶味之研究

  但凡品饮过武夷岩茶的人都知道武夷岩茶是六大茶类中香气最为丰富多样，滋味最为醇厚甘爽的茶类。爱好者对于武夷岩茶这么多、这样好的芬芳香气是从何而来的，这么醇厚、这样甘爽的茶味是怎样形成的，如何鉴赏和区分岩茶茶味等谜题都想弄个究竟，寻得真谛。作者认为，欲想弄清上述谜题，需先弄明白岩茶茶味之种类，岩茶茶味之主味与余味，岩茶茶味之品级，方可寻得其真谛。

一、武夷岩茶之茶味类型

  武夷岩茶的茶味在六大茶类中是最丰富多彩的。据统计，武夷岩茶茶味类型不下30余种，归纳起来主要有3种：一是花果香型，包括鲜爽味、清花香味、浓花香味、鲜果香味、熟果香味、干果香味，还有木质香味。二是烘焙香型，包括微火香味、足火香味、焦香味等。三是地域香型，包括岩骨味、山场味、风土香味等。

花果香型的岩茶，虽然源于有芳香种质的品种，但形成的主要方式是做青。做青是武夷岩茶的主要制作技艺，运用"摇动—碰撞—静置"的工艺方法，促进茶鲜叶有机物质酶促反应，从而形成岩茶特有的花香与果味香，它们是由武夷岩茶优良种质运用特有的制作技艺引发出来的香气香味。

烘焙香型的岩茶，形成的主要方式是炖火。炖火是武夷岩茶又一重要制作工艺，运用"低温久烘、闷盖炖火"的特殊工艺方法，促进成品岩茶内部的糖类和果胶类物质发生美拉德反应，从而形成特有的烘焙香，主要是焦糖香味和足火香味。焦糖香味是武夷岩茶的一种代表性味道。

地域香型的岩茶，是由武夷山特殊地质形成的地域性味道。岩骨味（又称岩韵）是由武夷山正岩区内特殊地质中的化学元素天然合成的啜之有如牛奶、豆浆、骨头汤似的滋味感觉，它是武夷岩茶独有的天然标志性味道，一种天然的深层次的茶水滋味。老枞味（又称棕叶香）是由武夷山丹岩区内地质中的化学元素天然合成的味似端午节包粽子的竹叶晒干后的香味，它也是武夷岩茶独有的天然标志性味道。

二、武夷岩茶之主味与余味

凡茶皆有味，且大多只有一种味，唯武夷岩茶既有主味又有余味。

古人认为，有主味又有余味的茶，是一种品味极好的茶。这从清代乾隆皇帝的《冬夜煎茶》咏茶诗可得到印证，诗云："建城杂进土贡茶，一一有味须自领，就中武夷品最佳，气味清和兼骨鲠。"作者领会清和的气味当是武夷茶之主味，骨鲠乃武夷茶之余味，它是主味过后复来之味。乾隆认为，有这两种味道的茶品味才最好（"就中武夷品最佳"）。

现今的武夷岩茶，随着技术进步和技术水平的提高，香气和滋味都比古时丰富多彩。香高味醇的花果香味和清醇甘爽的焦糖香味日渐成为武夷岩茶的主味。武夷岩茶的余味，是主味过后复来的一种味道，一种犹如岩石粉尘的岩骨味，一种啜之如饮牛奶、豆浆、骨头汤似的滋味感觉，它是武夷岩茶独有的一种味道，一种特殊的地质滋味，它是岩茶经8次沸水冲泡以后复来的一种味道，简称余味，这种余味武夷山茶人称之为"岩韵"。这种有余味（岩韵）的岩茶，有特殊的采制地域，凡武夷山正岩区域内采制的岩茶皆有余味（岩韵）。研究发现，但凡有余味（岩韵）的岩茶，品质都好于武夷山其他地域产的茶。

三、武夷岩茶茶味之品级

相对而言，武夷岩茶较之其他茶类是品质最好的茶类。但是，从岩茶本身而论，也有高下之分。这一点古人早有研究与记载，清代江苏巡抚兼署两江总督梁章钜在其《归田琐记·品茶》中有详细记载，节录如下："余尝再游武夷，信宿天游观中，每与静参羽士夜谈茶事。静参谓茶名有四等，茶品有四等……茶品之四等：一曰香，花香、小种之类皆有之。今之品茶者，以此为无上妙谛矣，不知等而上之曰清，香而不清，犹凡品也。再等而上之，则曰甘，清而不甘，则苦茗也。再等而上之，则曰活，甘而不活，亦不过好茶而已。活之一字，须从舌本辨之，微乎微乎！然亦必瀹以山中之水，方能悟此消息。"从上述记载的研读可知，香、清、甘、活每个字各代表一个品（等）级，香是最基础的品级，清是第2个品级，甘是第3个品级，活是最高品级。但是，深入一步研究，将香、清、甘、活四字单独立级（等）似嫌过于简约，研究认为，在香这一基础品级之后分别缀上1～3个品级字，形成香而清，香而清、甘，香而清、甘、活，这样，每增加一个品级字，岩茶的品味就提高一等。香之后加上清字，即清纯无杂之香，当比有杂味之香好，故香而清的品级比单一有香高一等；香而清而甘，当比香而清品级又高一等，因为凡茶皆味苦，独武夷茶味甘而不苦，因此又比香而清高一等；香而清而甘而活，但凡茶既有香又有甘甜味已属少见，再加上润活，香、清、甘、活同时兼具，则更难能可贵，属于最高的品级了。以此为品级标准，则可将武夷岩茶茶味分出高下，定出高下顺序。但是，这个品级标准，相对于武夷岩茶茶味的品质特点似乎少了点什么。岩茶茶味的最大特点是既有主味又有余味，古人云：有余意之谓韵。作者认为，余音、余香、余味皆余意之同义词，因此，香、清、甘、活之后加上韵字，形成香、清、甘、活、韵，便是品味最好、品级最高之武夷岩茶茶味了，可尊之为茶王也。

在明白岩茶茶味类型，主味与余味，茶味品级之后，作者相信，你对武夷岩茶茶味之真谛想必已领悟一二了。

武夷岩茶香气香味分类

武夷岩茶香气香味五彩缤纷，千姿百态，大致可分为品种香、风土香和制作香三大种类，青叶香、清花香、浓花香、鲜水果香、熟水果香、坚果香、木质香、风土香、烘焙香九大类型，将上述类型再行细分，至少有30多种香气香味，常见的有以下几类。

叶香类：粽叶香、老枞味；

清香类：青苔味、竹叶味；

清花香类：兰花香、水仙花香、玫瑰花香；

浓花香类：栀子花香、玉兰花香、桂花香、茉莉花香；

鲜水果香类：苹果香、雪梨香、橙子香、水蜜桃香；

熟水果香类：柑橘味、柚子味、香蕉味、熟桃子味；

坚果香类：板栗香、桂圆味；

木质香类：檀木香、楠木香、松木香、杉木香、桂皮香；

风土香类：岩韵、红糖味、乳香；

烘焙香类：玉米香、炒豆香、焦糖香、火香。

上述香气香味除风土、品种香味源于天然合成外，其余均为人工制作而成，可见武夷岩茶制作技艺之精湛，有缘遍尝武夷岩茶上述香气香味者当为品茗大师也。

爽口，岩茶好茶味的评价标准

　　武夷岩茶由于天气、地质条件、制作水平、贮藏环境等原因，茶味丰富多彩。然而，什么是岩茶的好茶味？却没有一个公认的评价标准，众说纷纭，莫衷一是。近来，有人将"香、清、甘、活"和有"岩韵"奉之为评价标准。香、清、甘尚好理解，但"活"之一字与"岩韵"一词是什么意思，没几个人说得清楚，奉之为标准不大合适，总不能将一个意思说不清楚的词汇作为标准吧。那么，岩茶的好茶味究竟当以什么为评价标准呢？作者从多年对各种赛事获奖茶的研究中发现，获奖岩茶的茶味有一个共同的特点——爽口。进而研究又发现口感爽口的茶都畅销，口感不爽口的茶，则不大好卖。因此，作者认为爽口不仅是评审专家缄口不宣的茶味评定标准，同时也是岩茶消费大众不谋而合的味觉感受标准，将爽口定义为岩茶好茶味的公认评价标准当比较合适。

爽口，乃饮茶人之口腔感受，是口腔中的味蕾与茶水中的味道元素接触后产生的味觉感受。茶水中的味道元素同口腔中的味蕾接触，口感清爽畅快即为爽口，口感如饮药即为不爽口。

研究认为，爽口也有层级之分，爽口的茶味可分为若干爽级，即清爽、鲜爽、甘爽、香爽、滑爽等爽级。

浓淡适中，不苦不涩，清醇爽口，是为清爽茶味，好岩茶之基本味道，爽口之第一爽级。

味似海鲜味精，口感新鲜爽口，是为鲜爽茶味，爽口之第二爽级。鲜爽由茶叶中的氨基酸类物质融合形成。

口感甘甜爽口，是为甘爽茶味，爽口之第三爽级。甘爽由茶叶中单糖、多糖、多聚糖、蔗糖等糖类物质溶解形成。

味似花香、果味芬芳爽口，是为香爽茶味，爽口之第四爽级。香爽由茶叶中花香、果味香等芳香物质化合形成。

口感润滑爽口，是为滑爽茶味，爽口之第五爽级。滑爽由茶叶中果胶类物质稀释形成。

上述爽级，可以单独体现，也可以复合呈现，且每增加一个爽级，茶味即上升一个品位，复合的爽级愈多，则茶味的品位愈高。清爽、鲜爽、甘爽、香爽、滑爽五爽级齐全为极品茶味；清爽、鲜爽、甘爽、香爽四爽级悉备，为上品茶味；清爽、鲜爽、甘爽三爽级兼有，为中品茶味；清爽、鲜爽或清爽、甘爽二爽级复合，为正品茶味。

　　将爽口作为标准，不仅可以用于评价新茶的茶味品位，亦可用于评价隔年旧茶和陈年老茶的茶味品位。研究发现，极品茶味和上品茶味常见于轻、中火功的当年新茶，中品茶味和正品茶味常见于足火功的隔年旧茶和陈年老茶。

浅谈泡茶、品茶之学问

改革开放以后，我国进入太平盛世。纵观厚重茶史，每逢太平盛世，必有茶风兴起，饮茶成为时尚。如今，茶不仅是一种解渴饮料，更成为一种可供人们欣赏的高雅饮品。泡茶、饮茶、品茶已成为一种休闲方式，一种文化。

1.泡茶四要，天趣悉备

如属解渴，有茶叶、茶缸、茶壶和自来水足矣。如是品茶，则别有讲究。首先，要有好茶。茶是本体，是内容。中国茶叶可供品赏的名茶很多，不仅有传承下来的历史名茶，还有现代创新的各色名茶，可根据自己的喜好，任意选几个品种品饮欣赏。其次，要有好水。有好水方能泡出好茶。古人云：八分茶，十分水，泡出的茶味可得十分；

十分茶，八分水，泡出的茶味只得八分。泡茶用水，泉水上，桶装水次，自来水下。第三，要用好茶具。随手泡、盖碗杯、品茶盅一样不能少。随手泡，烧水用；盖碗杯，泡茶用；品茶盅，品味用。第四，要有好的环境。清洁、方便、雅致。品茶用具，讲求清洁；烧水泡茶，讲求方便；品茶环境，讲求悦目雅致。

2.冲泡得当，茶味自发

中国人沏茶，一向十分考究。沏茶时要根据不同茶类的特点，掌握好茶叶用量，开水的沸度，冲泡的时间。沏茶不仅要择水，用新鲜水，还讲究烧开水，现沸现冲，悬壶高冲，刮沫后遂盖杯盖。茶叶冲泡时间长短，因茶的老嫩而有不同。武夷岩茶鲜叶成熟度高，100摄氏度沸水泡1分钟方能发香。细嫩红、绿茶，如金骏眉、黄山毛峰由于细嫩，耐不住100摄氏度沸水，水温需下降至80摄氏度冲泡，且不必加盖，否则，会产生熟闷气，影响茶叶鲜灵度。

要泡得好茶，还要掌握好投茶量，即茶与水的比例。通常，泡武夷岩茶，茶叶的用量占茶杯或茶壶的一半比较适合，浓淡适中。投茶量过多或太少，茶水不是太浓，就是太淡。过浓则苦涩，太淡则乏味。现在商家为了方便客户泡茶，通行小泡袋包装，有的装8克，有的7克，也有装10克的。一般以7克装为好，8克过浓，5克太淡。

要使茶香发散得好，把握好冲泡时间很重要。现时坊间泡茶，即冲即倒，很不得法。茶叶泡时太短，茶汁释不出来，犹如白开水，还埋怨茶不香。有的坐杯过久（即泡时太长），茶中苦涩物质释出，口感如饮药，又苦又涩。适宜的冲泡时间，头道在45秒至1分钟之间。此后每道增加15秒钟，茶味一般都发得比较好。

3.茶之品饮，首重风韵

饮茶、品茶既是一种生活情趣，也是一种风雅。不会品茶的人，拿起茶盅一口喝下，一饮而尽，什么情趣也没有，更不用说有什么风雅了。其实，品茶是最有讲究的一门学问。"品"字由3个口组成，第一个口为观色。看茶的水色是否明亮、艳丽、富有光泽。第二个口为闻香。举杯至鼻下，感受香气之高下。第三个口为辨味。用口腔中的味蕾感受茶味的香醇甘爽和特有的风味。

当今，人们品茶都以香为首选，"以香为无上妙谛"。认为香高之茶都是好茶。殊不知，香只是好茶的一个元素。凡茶皆有香。西湖龙井茶，向以"色绿、香郁、味醇、形美"著称，武夷岩茶又以"香、清、甘、活"叫绝，其中香都只是一个元素。饮茶之要，首得风韵。铁观音有"音韵"，武夷岩茶有"岩韵"。铁观音的音韵，乃特有的品种香也；武夷岩茶的岩韵，乃岩茶特有的地理标志性味道，需冲饮八泡以后方能感受到的一种岩骨风味（有如奶酪、奶贝的一种味道）。岩韵、音韵都只是不同风格的茶味。品茶、饮茶的真趣在于通过品饮，感受大自然赋予的风格各异的茶味。能分辨出各种茶的韵味，就步入一个品茶饮茶的新境界了。

再议泡茶、品茶之学问

前篇《浅谈泡茶、品茶之学问》简述了品茶要素、泡茶方法、品饮要领等基本学问，本篇再从泡茶要诀、品茶心境、鉴赏技巧方面议论泡茶、品茶之深层次学问。

一、泡茶三要

1. 器要洁

茶是天然圣洁之物。泡茶、品茶之前首先要清洁泡茶之器具，将常用的茶壶、盖碗、茶海、茶盅、茶滤，还有茶盘、茶洗等茶器清洗干净。这些茶器清洁美观，可以激发品饮者的品茶欲望，引起品饮兴趣。茶器不清洁，不仅有碍观瞻，倒人胃口，还会串味，影响茶水滋味。因此，清洁茶器当为泡茶之第一要务，要细心做好。

2.水要沸

泡茶之水一定要煮沸。沸水含氧量丰富，活性强，易将茶叶内含物中的呈香、呈味物质释出，使茶水变得香高味醇，饮之芬芳馥郁、口感甘美。温水泡茶则收不到这种效果，茶水缺少活性，淡滞无味。

3.沏要快

沏茶动作要求快捷。茶要趁热喝，这是品茶人之共识。品饮效果表明，热茶比温茶香，味也比温茶甘美，这是因为热茶比温茶更能刺激味蕾，激活滋味感觉。热茶，即保持较高水温的茶水，测试表明，在室温条件下，沸水冲泡的茶，水温降至75摄氏度时滋味感觉最好。测试还表明，保持这种水温，冲泡和坐杯的时间应掌握在2分钟以内，这就要求泡茶、沏茶的动作要利索快捷，在规定的时间内完成冲泡和洒沏。动作慢了，时间拖长了，保持不了热饮所需的温度，品味效果就大打折扣。

二、品茶三贵

1.贵在心静

欲将茶品出滋味，贵在心要静。

俗话说"心急吃不了热豆腐"，品茶也是这样，心急了品不出茶的滋味，一杯上好的茶水，心急了就犹如喝白开水，清淡无味。同样，怀着心事品茶，也难品出好茶味。因此，品茶的时候一定要让心静下来，既不能心急火燎，也不能心事重重。用一种宁静闲适之心细品慢啜杯中之茶水，仔细品味其中的馨香与美味，体会含英咀华之妙趣，这样品茶才得情趣。

2.贵在得法

一杯浓淡适中，芬芳甘美的好茶水，除了茶叶本身品质好之外，于投茶量、注水量、浸泡时间搭配得是否得法亦有密切关系。搭配得法，浓淡适中，芬芳甘美。搭配不得法，茶味不是浓便是淡、不是苦便是涩，失去浓淡适中、芬芳甘美的滋味效果。大凡品茶以3人共品为好，以这个人数为标准，冲泡一杯浓淡适中、芬芳甘美的武夷岩茶所需的投茶量为7.5克，注水量为110毫升，浸泡时间初始为20秒，以后每泡一次增加10秒。以此为度，泡出的茶水基本可以达到浓淡适中、芬芳甘美的滋味效果。多人品饮可以在投茶量不变的条件下，重复冲泡一次再行分茶，用此法冲泡茶味也基本上可以达到浓淡适中、芬芳甘美的滋味效果。

3.贵在共享

茶叶，尤其是武夷岩茶生来就是供人享受的尤物，这种享受不是个人独享，而是贵在共享。品茶经验表明，共享更能体现风雅，生发情趣。多人共享，可以在品茶的同时怡情悦性地怀古幽思，共鸣时事，比个人独享更得情趣，更显风雅。在对茶味的感觉上，品茶经验还表明，多人共享与个人独享对茶味的感觉不一样，共享比独享感觉更香醇、更甘美。这可能与品茶时的心情有关系，参与者多为至爱亲朋，彼此志趣相投，聚在一起共品一泡香茶，格外开心惬意，自然觉得所品之茶味道格外香醇甘美。于是，常有这样的情况发生：偶得一款好茶，自己舍不得喝，就想邀约三朋五友一起分享，评茶论道，共鸣情趣。

三、鉴赏三问

鉴赏是鉴定与欣赏的合称，品茶的高境界。学会鉴赏，品茶又前进了一大步。会品茶又善鉴赏，就进入品茗大师的高境界了。

"三问"是鉴赏武夷岩茶的方法要领。明白问什么，如何问，你对一款茶叶的品质就有自己的感觉和体会，有自己的判断和认识，就不会被人忽悠了。

1. 一问茶色

茶色即茶叶色泽。茶叶色泽是茶叶品质特征的外在表现。茶叶色泽有干茶色泽、茶水色泽、叶底色泽之分。

干茶色泽通常有青绿、墨绿、乌黑3种颜色。3种颜色分别表明制作功夫所达到的程度。青绿色是做青偏轻，表明没有做到位。墨绿色是茶青做得刚刚好，表明做青适度。乌黑色表明烘焙过度。干茶色泽墨绿油润是加工精到、品质好的表现，故上品的武夷岩茶干茶色泽要求墨绿油润，达不到要求不能称之为上品武夷岩茶。

武夷岩茶的水色，常见的有淡黄、橙黄、橘红3种颜色。淡黄色表明发酵偏轻，橙黄色表明发酵适度，橘红色表明发酵偏重，3种颜色以发酵适度的橙黄色品质最好。

武夷岩茶的叶底色泽是指冲泡结束后的茶渣，用凉水浸泡后舒展开的叶片颜色。叶色青绿是做青偏轻，三红七绿，绿叶红镶边为做青适度，叶色发黄为湿热闷熟，上述3种颜色以三红七绿，绿叶红镶边为标准色度，是为上品好茶之标准色相。

2. 二问茶香

茶香有表香和里香之分，本香与外香之别，是评定茶叶品质高下的要素。所谓表香，是茶叶冲泡后飘逸出的香气，里香是融合于茶水的香味。通常将表香高、里香浓的茶水视为上品好茶，将香不入水，表香里不香和表里都不香的茶水视为下品茶。

所谓本香与外香之别，是将茶叶的香气香味区别为茶叶本身的品种香和加工烘焙形成的香气。品种香是天然的种质香，属本香；烘焙香是用炖火工艺文火慢炖出来的工艺香，属外香。种质香丰富多彩，一个品种一种香；烘焙香比较单一，只有焦糖香和炭火香两种。品茶问香主要是问品种香和焦糖香，香气均以清新、纯净、浓郁、持久为佳。

3. 三问茶味

茶味有本味和杂味，主味与余味之分。

茶叶的本味是茶叶品种本身所拥有的本原性味道和加工制作精到所形成的味道。杂味是加工制作和保管不当产生的味道。品种香味和焦糖香味是岩茶之本味，苦味、涩味、烟味、焦味、酵味、酸味是茶之杂味。

茶叶的主味是茶水的主要滋味，本原性的花香味、果香味，以及烘焙形成的焦糖味是岩茶之主要味道。但是，武夷岩茶正如人们说的"好东西，总该是有余味的"一样，也是有余味的，这种余味在岩茶中还有个文雅、动听的名字叫"岩韵"，它是主味过后复来的另外一种味道，一种犹如牛奶、鸡汤、骨头汤似的滋味感觉。长久以来，爱茶者都把有岩韵作为好岩茶的重要标准，将追寻岩韵作为品茶的一种享受，一种追求，一种境界。

也谈岩韵

内容提要：本文从岩韵话题出发，探寻岩韵所要表达的意思。作者研究发现，岩韵乃武夷岩茶主味过后之余味。余味的形成源于茶树生长的立地基础，源于武夷山特殊的地质条件及蕴含的化学成分。茶树吸收这些化学成分后合成出味似岩石粉尘的岩骨味，天然形成花果香味、焦糖香味过后之余味。

关键词：武夷岩茶，岩韵物质基础，生化条件，古人评价

岩韵一词，所要表达的意思玄乎微妙，引得许多人遐想无限，其中不乏文人墨客、专家学者撰文探究，但是这些文章细研起来似乎均未达其意。作者不揣冒昧，也对岩韵做番研究，积累了一点心得，自

成一说，贡献出来供热心者讨论。

一、岩韵的话题

大凡接触过武夷岩茶的人，几乎都知道岩茶有"岩韵"一说，岩韵已成为岩茶生产者与消费者十分熟悉的词语。然而，究竟什么是岩韵？却是众说纷纭，莫衷一是。有的说它是火功香，有的说它是焦糖味，有的说它是风土香，有的说是岩石味，有的说是香清甘活，有的说是岩骨花香。所有这些说法，粗听起来好像是，细品其意又觉得不是。更有学者将岩韵概括为"是指品饮武夷岩茶的过程中，所产生的感官体验、化学特征、哲理表现、诗性精神及审美升华为内容的，从生理感官到精神审美的综合感受"。更让人感觉玄乎，如坠云雾之中。

二、作者对岩韵的考证与见解

"岩韵"真的是一个只可意会，不能言传的玄乎词语吗？作者考证认为，岩韵不仅可以意会，也是能够言传的，有实际物质内容和味觉感受的词语。

研究认为，正确理解岩韵一词，先要弄清岩和韵两个字各自的含义。

岩：武夷山岩体、碎屑、砾石、沙埌之简称。岩茶生长的物质基础，岩茶滋味形成之生化条件。

从武夷山的地貌、地质观察得知，武夷山属丹霞地貌，地质构造为沉积岩红层，由岩体碎屑、砾石、沙埌结构而成。由于长期自然风化、溶蚀，形成适宜茶树生长的烂石和砾埌。据自然地理学者、南京大学雍万里教授考证，这些烂石、砾埌富含氧化铁、可溶性钙、石膏、镁等化学成分。茶树吸收这些化学成分后，合成出味似岩石粉尘的可溶性物质，滞留于茶树叶片之中，成为岩茶一种特殊的滋味成分——岩骨味。

韵：据国学大师季羡林考证，韵字含义，宋代范温在《潜溪诗眼》中云："有余意之谓韵"就像"闻之撞钟，大声已去，余音复来，声外之音，其是之谓也。"据此义推之，不唯余意，余音、余味、余香等皆可用韵字来描述。作者认为，将韵用来描述岩茶的余味，似为合乎韵之原义。

接着，我们将岩与韵结合起来考证，弄清岩韵这个词语所要表达的意思。

从岩和韵两字组成的"岩韵"一词，考证得知岩韵所要表达的意思是一种味，一种余味，一种由特殊地质元素合成、转化成的岩骨味。一种犹如岩石粉尘的味道，啜之有如豆浆、牛奶、鸡汤、骨头汤似的滋味感觉，是武夷岩茶独有的味道。

再看古人对武夷茶味之评价。

研究认为，凡茶皆有味，一般只有主味（花果香味）一种味道，唯武夷岩茶既有主味，又有余味，且两种味道衔接得恰到好处，主味过后余味复来，美妙之极。

武夷岩茶这种既有主味又有余味的茶，正好适应高品位人士对茶叶的品味要求。古时的品茶高手，清代诗人、文学家袁枚品茶诗《试茶》中云："……道人作色夸茶好，瓷壶袖出弹丸小。小杯啜尽一杯添……云此茶种石缝生，……采之有时焙有诀，烹之有方饮有节……我震其名愈加意，细咽欲寻味外味。杯中已竭香未消，舌上徐尝甘果至。叹息人间至味存，但教卤莽便失真……"

袁枚《试茶》诗所说的"至味"，诗中已做交代，是一种甘果味。至于诗中追寻的"味外味"指的是什么味，诗人虽没有直接点出，据作者理解，当是至味（主味）之后的另外一种味道。一种甘果味过后复来的独特滋味。

武夷岩茶这种独特味道，与袁枚同时代的另一个品茶高手，清代乾隆皇帝弘历亦有领略，这从他的咏茶诗《冬夜煎茶》可得到印证。诗云："建城杂进土贡茶，一一有味须自领。就中武夷品最佳，气味清和兼骨鲠。清香至味本天然，咀嚼回甘趣味永。"诗中的"至味"，如前所述是一种甘果味，武夷茶的一种主要滋味；"骨鲠"味即鱼骨汤似的味道，一种骨质性的滋味感觉。它是甘果味过后之余味，亦即诗人袁枚细咽欲寻之味外味，一种深层次的茶水滋味。

由上可见，古之品茶高手乾隆与袁枚的咏茶诗，已明确道出了武夷茶之主味与余味，至味（甘果味）为茶之主味，骨鲠味为茶之余味，味外之味，由此形成武夷茶之特有韵味。咏茶诗虽然没有使用岩韵词语，但是使用了意思相同的"味外味"。

综上所述，岩与韵结合之后组成的"岩韵"词语，它所表达的意思是主味过后之余味。如同大声之后之余音，声外之音。它是一种岩骨味，味外之味，岩茶的第二重味道。

这种表达虽然言简意赅，但是细品起来仍然觉得有点玄乎，为此有必要进一步加以说明。先从主味说起，品饮实践和研究认为，武夷岩茶之主味有两种：一是花果香味，二为焦糖香味。花果香味由茶树品种转化而来，做青是促进转化的主要方式。焦糖香味由烘焙生成，"低温久烘、闷盖炖火"是促进焦糖香味生成的主要方式。上述两种香味都比较耐冲泡，一般可持续冲泡5～7水（次），香味依次变淡。研究发现，武夷山之外山茶，7水后主香味消散殆尽，淡如白开水，仅存色素没有余味。唯武夷山正岩区域采制的岩茶有余味，即主香味过后复来的一种滋味——岩骨味。岩骨味是天然形成的一种味道，一种与生俱来的地质滋味。它是岩茶根须吸取武夷山特殊地质之微量元素而合成的有机成分，这种成分化学性质稳定，溶解迟缓，需经较长时间热水浸泡其岩骨滋味方能显现出来，滋味释出的时间恰与将尽之主味衔接，从而形成主味过后之余味，使武夷岩茶多了一重味道。

三、结论

上述考证推知，武夷岩茶岩韵是一种独特的茶水滋味，它由主味和余味结合而成。韵即主味过后之余味，岩即岩骨，余味之物质内容。岩韵具体说来就是花果香味或焦糖香味过后，复来之岩骨味。岩骨味是武夷岩茶标志性的天然味道。它不仅有独特的物质内容，还有可欣赏的味觉感受。它与古人概括的"香、清、甘、活"结合，形成香、清、甘、活、韵，把武夷岩茶的品质特征描述得更加完整与贴切。

武夷岩茶（大红袍）制作工艺研究

附｜录

武夷茶产业危机与对策

内容提要：本文揭示一个老茶区茶产业发展一个不容忽视的问题。观察发现，武夷山茶产业正在发生"色乌汤红、焦焦味"的高火茶替代"岩骨花香、回甘韵显"的武夷岩茶的现象。研究认为，这不是一个好现象，而是武夷茶产业将发生危机的一种征兆。为此，作者研究了产生替代现象的成因，必将导致的后果，以及化解危机的对策，权作杞人忧天、未雨绸缪。

关键词：武夷岩茶，高火茶，武夷红茶，潜在危机

武夷茶产业随着武夷山市委市政府扶持力度不断加大，已经发展成为一大支柱产业。但是，在快速发展的同时，一个事关武夷茶产业

发展的潜在危机也在悄然形成。不提早认识并尽早采取措施化解，将步历史和当今我国台湾茶产业衰退的后尘，到时将悔之晚矣！

一、正在悄然形成的武夷茶产业潜在危机

武夷茶产业于21世纪初，快速发展起来，已经形成武夷山市一大支柱产业。财政增收、涉茶农民得实惠、奔小康。然而，在一派歌舞升平的欢笑声中，武夷茶产业一个潜在危机也在悄然形成，其征兆已初露端倪。

目前，武夷山市内相当一部分茶农、茶企，以自家拥有"色乌汤红、焦焦味"的高火茶和自己能够烘焙出"色乌汤红、焦焦味"的高火茶为自豪，此种现象好似复制了清前期武夷红茶"家家卖弄隔年陈"的繁荣景象。市面上的茶铺、茶舍、茶行、茶庄纷纷把高火茶作为主销茶，卖力向经销商和消费者推销。为把茶产业做大，武夷山从市到乡镇直至茶村，连年举办规模不一的名优茶评选活动，开展形式不一的斗茶赛和茶王赛，但是，评比出来的名优茶许多是名为足火，实为"色乌汤红、焦焦味"的高火茶。当地电视媒体、报刊也把高火茶的烘焙作为新闻题材广为传播。由此，"色乌汤红、焦焦味"的高火茶成了武夷茶的新贵，大有取代"水色橙黄、花果香浓郁"的武夷岩茶之势，一个事关武夷茶产业发展的潜在危机正在悄然形成。

二、潜在危机将导致的后果

研究认为，悄然形成的潜在危机，将导致以下严重后果。

1.误导消费者错将高火茶误认为是正宗武夷岩茶

由于不正确的宣传和推销，模糊了消费者对武夷岩茶品质特征的认识，不少消费者错将"色乌汤红、焦焦味"的高火茶认为是正宗的武夷岩茶，而对"水色橙黄清澈，花果香浓郁"的武夷岩茶反倒认识不清了。这种真假不辨的现象，在武夷岩茶的主销区十分普遍。举个令人啼笑的例子，武夷山有位著名的武夷岩茶老专家，一次去省城福州，带了自制的武夷岩茶大红袍给朋友品尝，一位年轻茶友品味过后说不是大红袍的味道，这位老专家回问"大红袍是什么味？"年轻朋友回答说"焦焦味"。老专家听罢感慨不已。这个例子说明，在距武夷岩茶原产地武夷山不远的福州市，消费者尚且存在这么大的误区，其他远离产区的消费者对武夷岩茶真假不辨的现象当更加普遍了。倘若整个消费市场都将"焦焦味"的高火茶误认为是原汁原味的武夷岩茶，直到有一天，消费者不喜欢这种容易上火的焦焦味时，潜在危机也就转化为市场危机，对武夷岩茶产业将是一场大灾难。当今我国台湾的冻顶乌龙高火茶不为市场欢迎，导致整个茶产业衰退，则是一个教训深刻的现实例子。

2.导致武夷岩茶的制作严重偏离岩茶基本特征

业内同仁皆知道，武夷岩茶的基本特征是"水色橙黄清澈，花果香气浓郁，滋味醇厚甘爽，叶底黄亮，绿叶红镶边"。形成这种品质特征的关键技术是做青工艺。精湛的做青工艺作用于上千个茶树品种，制作出的武夷岩茶有上千种味道，足够消费者品味和欣赏。可是，我们的媒体却不注重宣传这种形成岩茶内质特征的精湛做青技艺，却把宣传报道的重点放在非关键技术的高火烘焙上，从而误导武夷岩茶的生产者，把武夷岩茶制作的重点放在了烘焙环节上。不可否认，烘焙工艺中的低火和中火烘焙确实能起到提香浓味的作用，有利于提高岩茶内在品质。但是，把烘焙工艺的作用过分夸大，不适当地提高烘温、不适当地延长烘焙时间的过度用火，不仅收不到提高品质的效果，反而会改变甚至破坏做青阶段形成的品质。经高温和长时间烘焙的高火茶，色乌汤红，焦焦味十足，偏离了武夷岩茶基本特征，已不是正色正味、货真价实的武夷岩茶了。本来千茶千味的武夷岩茶变成了千茶一味的高火茶。这种"色乌汤红、焦焦味"的高火茶，充其量只能算是名义上的武夷岩茶。没有武夷岩茶基本特征却又标榜为武夷岩茶，这种名与实的背离，是违背消费者权益保障的，最终是要付出巨大代价的。令人不安的是现今高火茶仍存扩展之势，有的茶农、茶企甚至将高火烘焙的功能放大到原本已做出品质特征的岩茶上，结果导致正品岩茶变成了另类茶，好茶变成了次级茶。这是滥用高火烘焙造成的硬伤。

3.武夷岩茶市场将为域外仿冒的高火茶挤占

本来，武夷岩茶独特而精湛的制作技艺是不易模仿的，因而制作出来的武夷岩茶也是很难假冒的，这就为武夷岩茶独步市场提供了一个强力的保护屏障。但是，高火茶出现之后，武夷岩茶的保护屏障被打破了。域外仿冒的高火茶乘虚而入，大量涌现，纷纷打着武夷岩茶的旗号，到处蚕食甚至鲸吞本来属于武夷岩茶的市场，从而导致正宗原产地出产的武夷岩茶产品滞销、存货日多，及至全市茶农、茶企都坐拥高火茶，市场又被域外仿冒的高火茶挤占时，武夷茶产业危机终将不期而至，这不能不说是一种自食其果的结局。若不是当初大家竞相用高火烘焙制作高火茶误导了市场，也不会有那么多域外茶企竞相仿效高火茶，冲击和挤占武夷岩茶市场。

4. 导致武夷岩茶制作技术向后倒退

技术进步如同逆水行舟，不进则退。现今武夷山市的茶产业从技术层面看，不是在前进，而是在倒退。名义上，总结出武夷岩茶传统制作技艺是一种技术进步，但是，实际上真正能按照传统制作技艺熟练操作的人却为数不多，真正接受过传统制作技艺培训的制茶师傅更是少之又少，所以，制作出来的武夷岩茶大多不具备武夷岩茶基本特征。只好通过高温烘焙的补救措施，烘焙出"色乌汤红，焦焦味"的高火茶来充武夷岩茶之数。有人认为，高火茶是技术进步的产物，这是大错特错的。其实，高火茶是高温导致的一种老火香味，实质上是一种焦味茶，一种没有岩茶内质特征的另类茶。用没有岩茶内质特征的另类茶来充当有品质特征的正品岩茶，不仅不能称之为技术进步，实质上是一种技术倒退。生产实践表明，只要认真按照武夷岩茶的制作技艺操作，一般都可以做出具有内质特征的武夷岩茶的。但是，事实上，在武夷山能够按照武夷岩茶传统制作技艺熟练操作的技术人才十分稀少。调查发现，武夷山现有 5 000 户茶农、茶企，近 6 000 位制茶师傅中，拥有武夷岩茶制作技艺传承人称号的仅18人，拥有茶叶制作高级工程师职称的仅7人，拥有中级制茶工程师职称的仅20人，拥有制茶能手称号的仅9人，其余称之为制茶师傅者，基本是没有经过正式拜师学艺和没有接受正规技术培训的茶农。可想而知，做出的茶有外形而无内质，不具备岩茶基本特征是再自然不过的事了。在这种技术水平下生产出来的茶要想售卖出去，只有通过高温烘焙，将做青时没有做出内质特征的缺陷茶适度焦化，产生出老火香味的技术措施来补救了。可是，这种补救措施被某些媒体误认为是武夷岩茶制作的一种技术创新大加宣传和推荐，这就错误地将技术含量很高的武夷岩茶传统制作技艺退回到技术含量不是很高的武夷红茶制作工艺的老路上去了。因此，这不仅不能认为是一种技术进步，实质上只能认为是复了武夷红茶技术之古。

诚然，这种技术倒退状况的发生，也不能全怪媒体的误导，关键在于我们的主管部门满足于宣传上的热闹，热衷于造势打知名度，却忽视了茶产业发展的根本问题。不去研究茶农茶企做不出有品质特征武夷岩茶的根本原因；不去研究如何在茶农茶企中普及武夷岩茶传统制作技艺，提高师傅的制茶水平；不去研究茶农茶企为什么将补救措施作为一种技术妙招而经年使用；不去研究茶农茶企售卖色乌汤红的高火茶，实际是一种无奈。对于上述问题，我们的主管部门采取听之任之、放任自流的态度，从而造成高火茶大量产生，且存一发不可收之势，这不能不认为是主管部门的重大失误。可以预见，继续这样麻木下去，势必重蹈历史的覆辙。研究认为，清末，繁荣了200余年的武夷红茶的衰落，与其说是印度、斯里兰卡、印度尼西亚新茶区的崛起，倒不如说是武夷红茶制作工艺被人轻易模仿和超越，才导致盛极一时的武夷红茶彻底衰落。

三、化解危机之对策

1.对策之选择

研究认为，化解武夷茶产业危机的对策有两种：一曰堵，二曰导。

所谓堵，是实行封堵措施，既不让制作高火茶，也不让售卖高火茶。但是这种堵的措施很难奏效，且易积聚民怨。因为，制高火茶本是茶农茶企无奈之举，你不让做高火茶，技术水平所限，他们又做不出有品质特征的岩茶，就会弃茶而去，导致茶园抛荒，加速武夷茶产业危机发生。再则，茶农茶企手中，原本就积存有大量高火茶，你不让卖，将如何消化？积压在仓库里，价值不能实现，势必产生沉重的财务负担，导致茶农茶企大量破产，引发新的危机。

可见，堵并非良策，故不可取。

所谓导，即因势利导，将高火茶正名为"武夷红茶"。这个名称，既与历史上的"武夷红茶"品质特征相吻合，技术上又与历史上的"武夷红茶"制作工艺相仿佛，是为实至名归。将高火茶正名为"武夷红茶"，厘清了高火茶与武夷岩茶之关系，既让高火茶实至名归，又使武夷岩茶名副其实，不再因为高火茶混杂其中而名不符实，可谓一举两得。

高火茶正名为"武夷红茶"之后，无须再打"武夷岩茶"之名号而直面市场，照常生产与销售，不致发生茶园抛荒和产品滞销，从而可以避免危机发生。

可见，导是化解危机之良策。导则通，一通而百通。

2. 加强"武夷红茶"的宣传，叫响"武夷红茶"

武夷山原本是世界红茶发源地，武夷红茶曾经盛极一时，辉煌了200余年，后来虽于清末因印度、斯里兰卡、印度尼西亚新茶区的崛起而衰落。但是，武夷红茶的制作工艺仍根植于武夷山民间，一旦得到适宜的市场条件，武夷红茶的制作工艺便得以复活，制作出的茶叶"色乌汤红"与历史上"武夷红茶"特征别无二致。据考证，历史上的"武夷红茶"也是用重火烘焙而成，色乌汤红，火味十足，当年不能喝，亦不能卖，要等到隔年退火之后才能售卖。有诗为证："雨前虽好但嫌新，火气未除莫近唇。藏得深红三倍价，家家卖弄隔年陈。"现今高火茶的品质特征与清代"武夷红茶"如出一辙。外形乌黑，汤色深红，味带焦香，火气十足。从制作工艺特别是烘焙工艺看，与明末闻龙撰《茶笺·焙法》中描述的一模一样。因此，可以认为现今的高火茶是清代"武夷红茶"之再版，乃历史之传承。高火茶再现了曾经辉煌两个世纪的武夷红茶，有深厚的市场基础，恢复其本来之名号，容易为消费者所接受，只要我们的媒体配合做好宣传工作，把武夷红茶唱响，市场局面一定能顺利打开。

3. 下大功夫培植根本

武夷茶产业摆脱危机，除了取法于导，还要注重固本。武夷岩茶为武夷茶产业之根本。根本粗壮，则枝繁叶茂，产业才能做大做强。武夷岩茶之所以能成为武夷茶产业之根本，是因为武夷岩茶的品质在六大茶类中是首屈一指的。"水色橙黄清澈、香气芬芳馥郁、滋味醇厚甘爽、叶底黄亮柔软、外形绿叶红镶边"。色、香、味、形冠绝诸茶，饮后回甘韵显，品味与欣赏价值极高，适合高品位人士品味与欣赏的要求，市场价值远高于其他茶类。由于武夷岩茶品质好，价格自然高于品质一般的茶类，投资回报也自然好于这些茶类，这是武夷岩茶的优势所在，对武夷山茶农、茶企是极大的利好，这种利好对于奠定武夷岩茶在武夷茶产业中的主体地位起着关键性作用。武夷岩茶主体地位的巩固与发展，对于做大做强武夷茶产业具有决定性意义。研究认为，武夷岩茶优良品质的形成，有赖于传统做青技艺的普及与提高。因此，要大力加强武夷岩茶传统制作技艺的培训，普及传统技艺，提高制茶师傅的技术水平，使所有制茶师傅都能够制作出有品质特征的武夷岩茶，这是固本的一项根本措施，要切实花大功夫，下大气力抓紧抓好，只有这样，才能使武夷茶产业摆脱危机，立于不败之地。

4.发挥政府的监督与指导作用

研究认为，售卖高火茶虽是茶农茶企一种无奈之举，但也是一种市场行为。就茶产业发展而言，政府仍是有所作为的，政府对市场是可以起监督、规范与引导作用的。政府及其所属部门应该站在市场的潮头，起引领市场的作用。从目前武夷茶市场现状看，高火茶与岩茶交织在一起，一直是高火茶之鸠，在侵占岩茶之鹊巢，致使武夷岩茶这个武夷茶产业之主体，受到莫大伤害而节节后退，最终将步历史上武夷红茶之后尘，像武夷红茶一样退回到它的发祥地，是时将悔之晚矣。因此，政府要采取切实措施，保住武夷岩茶这一主体，并将它做大做强。建议政府从以下几个方面着手发挥引导作用：首先，厘清高火茶与岩茶的关系，正本清源，拨乱反正。市场监管部门和茶叶主管部门对高火茶和岩茶的划分，应起指导和监管作用，将"色乌汤红，焦焦味"的高火茶从武夷岩茶中区别开来，正式命名为"武夷红茶"，让高火茶实至名归，师出有名。责成市场监管部门会同茶叶主管部门登门入户，开展武夷红茶与武夷岩茶的甄别工作，指导茶农茶企将武夷红茶从武夷岩茶中区分出来单独售卖。在竞赛评比活动中，要求活动主办方和评审专家组起好示范作用，将高火红茶与武夷岩茶分别评比，不得将两种不同茶类混为一谈。其次，设置武夷岩茶市场准入门槛，制定武夷岩茶市场准入标准。凡是"色乌汤红"的高火茶不得标榜为武夷岩茶售卖。要求市场监管部门对市场销售的武夷岩茶开展抽样检查，实行市场监管，进行市场引导。第三，在茶农、茶企、经销商中开展依标准售卖武夷岩茶的自律活动，不把高火的武夷红茶充作武夷岩茶售卖，不欺骗和误导消费者，做到明白卖茶，诚实经商。第四，开展消费者教育活动。利用各种宣传工具，深入宣传武夷岩茶和武夷红茶各自的品质特征，提高消费者的识别能力，让消费者明白什么是武夷岩茶，什么是武夷红茶，自主选择他们喜爱的茶类，使武夷岩茶和武夷红茶各得其主，各有所爱。

浅议乌龙茶加工机械的研发与实践[①]

内容提要：本文从乌龙茶加工的现状入手，提出乌龙茶加工机械的研发方向应朝着加强适应小茶叶作坊要求的小型茶叶加工机械方向研发，加强适应中型茶企业对成套机械设备需求的设备配套研发，加强适应乌龙茶规模化、标准化、清洁化现代生产流水线的研发。从而构建起能适应不同规模需求的乌龙茶加工机械体系。最后介绍了武夷山武夷岩茶研究所与浙江上洋机械共同研发乌龙茶智能化、清洁化初制加工流水线的实践与成效。

关键词：乌龙茶，加工机械，研发方向，加工流水线

[①] 本文已发表于2010年《茶叶机械研发与制造高端论坛论文集》，福建省农机学会。

一、福建省乌龙茶加工的现状

福建省乌龙茶加工状况总体看是手工与机械并存，以手工加工为主，半手工、半机械生产，机械化程度不高。这种状况同福建省乌龙茶现有生产规模是相适应的。①目前，30亩茶园，1 500千克初制茶，30万元销售收入的作坊，已构成乌龙茶叶生产的主体。这种小规模的茶叶生产个体大多买不起也用不上成套茶叶加工设备，只能选择性购买几台非买不可的做青、揉捻、炒青设备，其余工艺基本上沿用手工操作。②目前，少数有一定生产规模的茶叶加工企业，虽然有使用成套加工设备的需求，但是市场上又很难买到茶叶加工的成套机械设备。③个别上规模的茶叶生产企业，想用智能化、标准化、清洁化的现代生产流水线，却找不到专业制作厂家。

二、乌龙茶加工机械的研发方向

从福建省乌龙茶加工的现状中，我们看到了乌龙茶加工落后的一面，但同时，也揭示了乌龙茶加工机械的研发方向。

1.加强适应小茶叶作坊要求的小型茶叶加工机械研发

茶叶加工机械的研发，首先要适应众多小茶叶作坊的加工要求，重点研发体积小、功能好、买得起、用得上的小型茶叶机械设备，通过小型机械设备的使用，借以减轻茶叶生产者的劳动强度，提高生产效率，促进茶叶加工由手工向机械化方向发展，提高小作坊茶叶加工的机械化水平。

2.填平补齐，提高茶叶加工机械配套水平

鉴于目前茶叶加工机械已经在做青、杀青、揉捻（包揉）、干燥等环节，研发并制作出来，广泛运用于茶叶初制加工，当前，我们所要做的事就是大力并深入开展萎凋、炖火、匀堆等工艺环节的研发与制作，填平补齐这些工艺环节的加工机械，使之按照茶叶加工工艺的要求成龙配套，满足有一定规模的茶叶生产企业使用成套设备的需求，实行全机械、标准化生产。

3.加强茶叶加工机械智能化、流水线、清洁化的研发

从茶叶生产的发展方向看，规模化、标准化、清洁化是必然要求和发展趋势。没有规模化，产业做不大；不搞标准化，质量不稳定；产品不清洁，市场不认可。半手工、半机械操作实现不了"三化"。实现"三化"，要从加工机械自动化研发入手，朝着智能化、流水线、清洁化方向迈进，实行三者结合，有机统一。所谓智能化，就是将凭师傅经验操作转向按技术数据操作。所谓流水线，就是将互不连接的单机操作转向各种机械按工艺流程连结为一体，实行流水作业。所谓清洁化就是原料上了生产线之后，全部在线上加工，实行不落地生产。只有这样，才能实现茶叶加工规模化、标准化和清洁化。

三、茶叶加工现代化的尝试

为了提高茶叶加工现代化水平，实现茶叶生产规模化、标准化和清洁化，武夷山市武夷岩茶研究所有限责任公司遵循"科技铸就品质，

清洁保障健康"的理念，于2009年初同浙江上洋机械有限公司合作研发武夷岩茶初制加工流水线。由武夷岩茶研究所提出设计要求和技术参数，上洋机械根据设计要求，设计制作机械设备，仅花3个月时间就设计制作出一条适应武夷岩茶工艺要求的现代化武夷岩茶初制加工流水线。

这条武夷岩茶生产流水线有以下特点：

1.茶叶初制机械配套成龙形成流水作业

流水线将武夷岩茶的萎凋、做青、杀青、揉捻、干燥等工艺环节的所有机械用输送机和提升机连结为一体，鲜叶经过萎凋、做青、杀青、揉捻、干燥、装袋各环节，全部在线上作业，不落地加工。

2.茶叶机械设备全部实行数字化操作

研究所将历年采集的技术数据编成程序，输入电脑。运行时，只要启动按钮，即可自动操作。数字化操作把武夷岩茶的初制加工由师傅凭经验操作转变为由电脑依技术数据标准化操作，从而保证每个工艺环节的产品都按标准生产。

3.机械动力和加热装置的能源和热源全部改用电力和液化气

萎凋、做青、揉捻、微波缓苏用电，杀青、解块、干燥用液化气，不用煤炭和木柴。

4.制作工艺实行现代技术与传统技艺有机结合，用科技铸造品质

将数控技术、热化技术、微波技术、冷却技术、发酵技术注入萎凋、做青、杀青、揉捻、干燥各技艺环节，实现现代技术与传统技艺有机结合，形成能够适应武夷岩茶茶青生物化学变化和乌龙茶特有品质要求的现代工艺技术，从而塑造出具有武夷岩茶品质特征的产品。

武夷山武夷岩茶研究所有限责任公司采用现代化生产流水线制作武夷岩茶的两年实践表明，具备一定规模的茶叶企业，采用现代化生产流水线的优势体现在以下几个方面。

（1）有利于规模化加工。现代生产流水线可根据加工规模，量身定做。武夷岩茶研究所有限责任公司拥有茶园600亩，一个茶季的青叶产量30万千克，以此规模设计出的生产流水线，日加工能力1.5万千克，一个茶季20天可加工青叶30万千克，恰好完成600亩茶园的茶青加工任务。

（2）质量达标且保持稳定。生产流水线加工出的茶叶，经武夷山茶叶质检部门抽检，并聘请国家级非物质文化遗产武夷岩茶（大红袍）制作技艺传承人全面审评，所制的初制茶全部达到合格标准，2009年，优质品率达86%，2010年优质品率又有提高，达到91%。

（3）资源节约效果显著。采用流水线生产后，操作工和辅助工大大减少，节省人力80%。由于不烧木柴和煤炭，森林资源和煤炭资源节约100%。

（4）环境保护，产品卫生。由于采用现代流水线生产，动力和热源改用电力和液化气，没有烟尘污染，工厂周围生活环境得到保护。在线生产不落地，产品比半手工半机械落地生产清洁卫生。

 **后记**
POSTSCRIPT

　　研究武夷岩茶（大红袍）制作工艺的初衷源于作者对武夷岩茶品质特征与制作境界关系之研究。研究认为，武夷岩茶品质特征的形成与制作境界有直接关系。不同的制作境界形成不同的品质特征，反映和体现不同的工艺水平。作者从武夷岩茶制作境界的研究中发现，武夷山现有注册茶企，约50%处于入门境界，约30%处于登堂境界，约10%处于升华境界，此外，还有10%处于起步境界。由此感到在武夷岩茶原产地的武夷山，提升茶企生产制作水平的任务仍相当繁重。作为武夷岩茶的科研工作者，有义务且有责任为提升武夷山岩茶制作水平尽点绵薄之力，做出应有奉献。于是，将研究的重点由注重武夷茶史的茶文化研究转向提高岩茶生产技术水平的制作工艺研究，将研究方法由感性的文字考据研究转向按制作工艺内在逻辑的理性实证研究。研究方向的转变，既大大扩展了研究的内容，也大大增加了研究的难度。

　　好在研究过程中，遇到了几位学识渊博和实践经验丰富的老师和同事，经他们的热心指导和支持，才使武夷岩茶（大红袍）制作工艺有关的课题研究得以攻关克难，取得预期成果。将这些研究成果结集成一本可供出版的《武夷岩茶（大红袍）制作工艺研究》书稿，一是得益于帮我解惑释疑的浦城二中原校长、化学高级教师江绍通老师，江老师是科班出身的化学教师，对于物理化学、生物化学有很深的造诣。我在实验与研究过程中遇到与化学有关的学术和技术上的问题，经他的点拨均得到较好的解决，本书稿中的研究报告和学术论文，他一一做过阅读，提出了许多很好的修改意见。二是得益于首批国家级非物质文化遗产武夷岩茶传统制作技艺传承人、高级农艺师陈德华老师的技术指导，在作者研究武夷岩茶（大红袍）制作工艺的过程中始终热心给予技术指导和理论支持。三是得益于几年如一日一起参与实验、研究的同事罗昌盛师傅的真诚配合，在实验、研究过程中始终按要求一丝不苟地做实验，书中列举的研究成果，许多来自他的实验结果。四是本书出版得益于原《问道》杂志主编邵长泉先生的热心帮助，没有他帮助联系出版事宜，本书稿不可能如期出版。此外，本书的出版，还要感谢武夷岩茶研究所的投资人福建太阳电缆董事长、总裁李云孝先生提供科研平台和资金资助。值此书稿付梓出版之际，我向他们致以崇高的敬意，表示衷心的感谢。

作　者

2017年7月25日

主要参考文献

REFERENCES

陈椽，1991.茶叶贸易学 [M].北京：中国科学技术大学出版社.

陈椽，1984.制茶技术理论 [M].上海：上海科技出版社.

陈椽，1985.中国名茶研究选集 [M].合肥：安徽省科委、安徽农学院.

陈德华，郑友裕，2010.世界遗产——武夷山 [M].福州：海峡书局出版社.

陈宗懋，1992.中国茶经 [M].上海：上海文化出版社.

陈宗懋，2004.陈宗懋论文集 [M].北京：中国农业科学技术出版社.

陈宗懋，杨亚军，2013.中国茶叶词典 [M].上海：上海文化出版社.

巩志，2005.中国红茶 [M].杭州：浙江摄影出版社.

顾谦，陆锦时，叶宝存，2012.茶叶化学 [M].北京：中国科技大学出版社.

郭孟良.2006.中国茶史 [M].太原：山西古籍出版社.

黄贤庚，1993.佳茗飘香 [M].福州：福建人民出版社.

黄贤庚，2013.岩茶手艺 [M].福州：福建人民出版社.

季羡林，2011.朗润琐言 [M].北京：人民日报出版社.

林光华，陈成基，2009.坦洋工夫 [M].福州：福建美术出版社.

林应忠，2010.政和工夫红茶[M].北京：中国农业出版社.

陆羽，2003.茶经[M].北京：中国工人出版社.

孙锦宜，2010.催化辞典[M].北京：化学工业出版社.

孙威江，2006.武夷岩茶[M].北京：中国轻工业出版社.

宛晓春，2011.茶叶生物化学[M].3版.北京：农业出版社.

王其贤，1994.趣谈武夷茶[M].南平：武夷山市茶叶学会.

王泽农，1988.中国农业百科全书·茶叶卷[M].北京：农业出版社.

王泽农，1997.王泽农选集[M].杭州：浙江科学技术出版社.

王振忠，杨忠耿，2006.闽南乌龙茶[M].福州：福建科技出版社.

吴觉农，2005.茶经述评[M].3版.北京：中国农业出版社.

肖天喜，2008.武夷茶经[M].北京：科学出版社.

叶启桐，2008.名山灵芽——武夷岩茶[M].北京：中国农业出版社.

张瑞成，2009.酵素茶的魅力——台湾乌龙茶[M].

郑乃辉，2011.茶叶加工新技术与营销[M].北京：金盾出版社.

中国社会科学院语言研究所，2002.现代汉语词典[M].北京：商务印书馆.

周公度，2011.化学辞典[M].2版.北京：化学工业出版社.

邹新球，2006.武夷正山小种红茶[M].北京：中国农业出版社.

图书在版编目（CIP）数据

武夷岩茶（大红袍）制作工艺研究 / 黄意生著. 一
北京：中国农业出版社，2018.5（2023.7重印）
ISBN 978-7-109-24080-3

Ⅰ. ①武… Ⅱ. ①黄… Ⅲ. ①乌龙茶 – 制茶工艺 – 研
究 – 福建 Ⅳ.①TS272.5

中国版本图书馆CIP数据核字（2018）第076844号

WUYI YANCHA （DAHONGPAO） ZHIZUO GONGYI YANJIU

中国农业出版社出版
（北京市朝阳区麦子店街18号楼）
（邮政编码 100125）
责任编辑 贾 彬
文字编辑 刘金华

北京中兴印刷有限公司印刷 新华书店北京发行所发行
2018年5月第1版 2023年7月北京第3次印刷

开本：700mm×1000mm 1/16 印张：14
字数：174千字
定价：68.00元
（凡本版图书出现印刷、装订错误，请向出版社发行部调换）